Vorhergehende Doppelseite:
Das Martinsloch, ein Felsenloch von fast 20 Metern Durchmesser, Naturwunder und ein Markenzeichen des UNESCO-Welterbes Tektonikarena Sardona. Zweimal im Jahr scheint die flach im Osten aufsteigende Sonne genau durch das Loch auf den Kirchturm von Elm, bevor sie dann über den Tschingelhörnern aufgeht. Das Spektakel zieht jeweils viele Besucher an.

www.as-verlag.ch

Gestaltung und Herstellung: AS Verlag & Grafik, Urs Bolz
Korrektorat: Ellen Elfriede Schneider, Pratteln
Druck und Bindung: Grafisches Centrum Cuno, Calbe
ISBN 978-3-906055-68-8

Der AS Verlag wird vom Bundesamt für Kultur mit einem Strukturbeitrag für die Jahre 2016–2020 unterstützt.

Tektonikarena Sardona

Faszination UNESCO-Welterbe

Fotos: Roland Gerth · Ruedi Homberger
Texte: Adrian Pfiffner · Thomas Buckingham · Harry Keel

AS Verlag

Churfirsten
Linth
Ziegelbrücke
Walensee
Walenstadt
Alvier
KERENZERBERG
Näfels
Linth
FLUMSERBERG
Flums
Mürtschenstock
Fronalpstock
Rautispitz
MURGTAL
Prodkamm
SCHILSTAL
SARGANSERLAND
Sargans
Rhein
Falknis
Schilt
Murgseen
Hochfinsler
Glarus
Klöntalersee
Gufelstock
Spitzmeilen
Glärnisch
WEISSTANNENTAL
Bad Ragaz
Maienfeld
Schwanden
SERNFTAL
Weisstannen
Schottensee
Seez
Wildsee
CHRAUCHTAL
Foostock/
Ruchen
Bös Fulen
Garichtisee
Pizol
Landquart
TAMINATAL
Tamina
Braunwald
Foopass
CALFEISENTAL
Linthal
Piz Sardona
Vättis
Ortstock
Chärpf
Elm
Gigerwaldsee
Calanda
Segnespass
Ringelspitz/
Piz Barghis
URNERBODEN
Tschingelhörner
Martinsloch
Cassons
Muttsee
Hausstock
Bündner Vorab
Flimserstein
Kunkelspass
Chur
Panixerpass
Flims
Reichenau
Limmerensee
Kistenpass
Bonaduz
Tödi
N
5km
SURSELVA
Ilanz
Basel
Zürich
Bern
Chur
SCHWEIZ
Genf
UNESCO
WELTERBE
SARDONA

Inhalt

UNESCO-Welterbe Tektonikarena Sardona: weltweit einzigartig!

Rechte Seite: Frisch verschneit ziert der Ringelspitz/Piz Barghis als höchste Erhebung der Tektonikarena Sardona mit 3247 m ü. M. die Welterberegion. Die «magische Linie» der Glarner Hauptüberschiebung umgibt den Gipfelaufbau. Sie lässt sich mithilfe des Schnees besser erahnen.

Vorhergehende Doppelseite: Die Glarner Hauptüberschiebung im Gebiet der Sardona-Segnas-Gruppe (Vordergrund) und Ringelspitz/Piz Barghis (Hintergrund). Siehe auch S. 27.

Im Jahr 2008 wurde die rund 330 Quadratkilometer grosse einzigartige und ursprüngliche Hochgebirgslandschaft rund um den Piz Sardona in der Ostschweiz im Grenzgebiet der Kantone Glarus, St. Gallen und Graubünden von der UNESCO auf die Welterbeliste gesetzt. Diese weltweit bedeutendste Auszeichnung für einen Naturwert stellt eine grosse Anerkennung und Chance für die Region dar, bedeutet jedoch auch die Verpflichtung, das Gebiet zu schützen und für kommende Generationen zu erhalten. Weltweit gibt es nur rund 200 Weltnaturerbestätten.

Die Tektonikarena Sardona ist für die Bildung und Wissenschaft von besonderem Wert, da sie als herausragender Zeuge für das Verständnis der Vorgänge der alpinen Gebirgsentstehung und der Plattentektonik gelten darf. Nirgendwo sonst auf der Erde zeigen sich die Merkmale der Gebirgsbildung so monumental und anschaulich wie hier. Die weltweite Einzigartigkeit der Tektonikarena Sardona wird zusätzlich durch ihre lange und kontroverse Forschungsgeschichte und durch ihre noch immer anhaltende Bedeutung für die Geologie unterstrichen. Seit mehr als 200 Jahren forschen Erdwissenschaftler aus der ganzen Welt in diesem Gebiet. Die Resultate ihrer Forschungen haben das Verständnis für die Entstehung von alpinen Gebirgen revolutioniert.

Forschungsgeschichte der Glarner Hauptüberschiebung

Die Erforschung der Glarner Hauptüberschiebung, einer riesigen Überschiebung von Gesteinsdecken, ist ein Paradebeispiel dafür, wie in den Wissenschaften um Erklärungsmodelle gerungen wird. Schon die ersten Alpengeologen vor rund 200 Jahren waren fasziniert von jenem Naturphänomen. Sie wussten jedoch noch nichts von der Verschiebung der Kontinente, die Ursache und Motor aller Gebirgsbildungen ist. Eine Überschiebung von Gesteinspaketen mit derartigen Ausmassen lag ausserhalb ihrer Vorstellungskraft. Sie versuchten andere Erklärungsmodelle. Nach einem epischen Wissenschaftsstreit setzte sich aber die Erkenntnis der Deckenüberschiebungen durch – die Evidenz in den Glarner Alpen war zu klar. Deshalb ist die Glarner Hauptüberschiebung auch ein Stück Wissenschaftsgeschichte. Auch aktuelle Fragestellungen der geologischen Forschung drehen sich um die Mechanismen der einzigartigen Glarner Hauptüberschiebung – der schönsten Überschiebung der Welt.

Tektonikarena Sardona – was bedeutet das?

Tektonik
Tektonik ist ein Spezialgebiet der Geologie. Sie befasst sich mit dem inneren Aufbau der Erdkruste sowie mit deren Entstehung und grossräumigen Bewegungen. Im Gebiet des UNESCO-Welterbes Tektonikarena Sardona bildet die Glarner Hauptüberschiebung das prägende und zentrale tektonische Element.

Arena
An den Gipfeln rund um den Piz Sardona ist die Glarner Hauptüberschiebung in drei Dimensionen sichtbar. An manchen Orten hat man als Besucher daher das Gefühl, mitten in einer Arena zu stehen.

Sardona
Der 3056 Meter hohe Piz Sardona ist weder der eindrücklichste noch der höchste Gipfel der Region – doch er vereint drei Eigenschaften, die dazu führten, dass das Welterbegebiet nach ihm getauft wurde: Er liegt in der Mitte des Welterbes und ist Grenzberg zwischen den drei am Welterbe beteiligten Kantonen Glarus, St. Gallen und Graubünden. Er steht für die grenzüberschreitende Zusammenarbeit der drei Kantone und der beteiligten Welterbegemeinden. Am Piz Sardona ist die Glarner Hauptüberschiebung rund um den Gipfelaufbau von allen Seiten her sichtbar.

Deshalb: Tektonikarena Sardona – das einzigartige Gebiet rund um den Piz Sardona, in dem Prozesse der Gebirgsbildung besonders eindrücklich wahrnehmbar sind!

Die Tektonikarena Sardona ist mehr als die Glarner Hauptüberschiebung

Für Geologen ist die Glarner Hauptüberschiebung das zentrale Element der Tektonikarena Sardona. Auch für Laien ist die «magische Linie», die sich messerscharf durch die Gipfel des Welterbes Sardona zieht, ein eindrückliches Schauspiel. Vor allem, wenn man sich ihre Entstehung vor Augen führt: Entlang dieser Linie wurde während der Hauptphase der Entstehung der Alpen vor rund 20 bis 40 Millionen Jahren eine riesige Gesteinsdecke über eine Distanz von fast 40 Kilometern über das darunterliegende Gestein geschoben, und dies tief

unter der damaligen Erdoberfläche. 250 bis 300 Millionen Jahre alte Verrucano-Gesteine gelangten so auf viel jüngere Kalke oder Flysch-Gesteine. «Die Berge stehen Kopf», kann etwas salopp die Tatsache formuliert werden, dass entlang der Glarner Hauptüberschiebung die übliche Gesteinsabfolge verdreht ist. Diese Gegebenheit trieb vor 200 Jahren die damaligen Forscher fast zur Verzweiflung, weil man sich die Entstehung dieser Verkehrtlagerung der Gesteine nicht erklären konnte.

Die Tektonikarena Sardona ist aber viel mehr als nur die Glarner Hauptüberschiebung. Sie ist wie ein riesiges Schulzimmer, in dem man alle Merkmale der Gebirgsbildung so eindrücklich sehen kann wie sonst nirgends auf der Erde. Die Hebung der Alpen hat alle diese in einer Tiefe von 10 bis 15 Kilometern entstandenen Phänomene wie Überschiebungen, Falten oder Brüche an die Oberfläche gebracht. Wasser, Wind und Wetter haben das Gestein aufgelöst und abgetragen, sodass wir diese Merkmale heute an der Erdoberfläche wahrnehmen können.

Die ursprüngliche Hochgebirgslandschaft mit ihrer ungewöhnlich grossen Dichte und Vielfalt an schützenswerten Zeugen der Erdgeschichte (Geotopen) macht jeden Besuch im Welterbegebiet abwechslungsreich und interessant. Die Vielfalt an Gesteinen und geologischen Strukturen führte zur Entstehung unterschiedlichster Landschaftstypen und Böden, auf denen sich unterschiedlichste Biotope und eine reiche Pflanz- und Tierwelt entwickeln konnten. Kein Wunder, dass fast die gesamte Tektonikarena Sardona durch verschiedenste Schutzgebiete wie Hochmoore und Schwemmebenen von nationaler Bedeutung, Landschaftsschutzgebiete oder Jagdbanngebiete erfasst wird.

Dieses Buch zeigt in spektakulären Bildern und versehen mit kurzen Erklärungen die Vielfalt der ursprünglichen Landschaften in der Welterberegion Sardona mit ihrer weltweit einzigartigen Fülle von geologischen Merkmalen, welche von der Entstehung der Alpen erzählen.

Rund um das Martinsloch an den Tschingelhörnern (Bild linke Seite und unten links) treffen geologische Strukturen wie ein Bruch (rot in der Visualisierung unten rechts) und Überschiebungen (blaue Linien) aufeinander. Die Gesteinsstabilität ist dadurch herabgesetzt – das Martinsloch konnte langsam herausbröckeln.

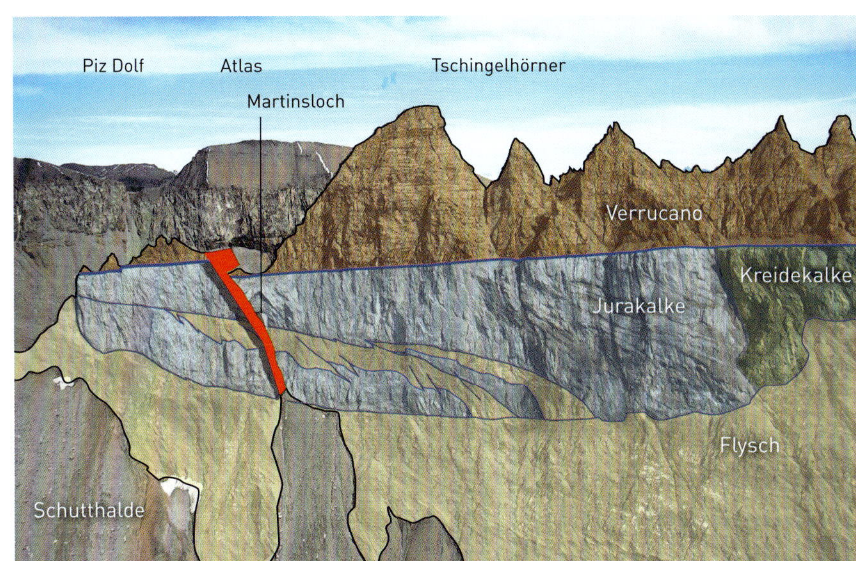

Rund um den Piz Sardona

Im Blick von Osten, aus dem Calfeisental, thront der Piz Sardona mit der Grossi Schibe (rechts) oberhalb des markanten Grates, welcher den Chline Gletscher umrahmt. Die «magische Linie» der Glarner Hauptüberschiebung, in Wahrheit eine Fläche, schneidet den Berg messerscharf. Sie kann rund um den ganzen Gipfelaufbau beobachtet werden.

Auf zum Piz Sardona!

Unten: Durch das Calfeisental gelangt man von Vättis aus zur Sardona Hütte SAC, die auch ein Übernachtungsort auf dem Sardona-Welterbe-Weg ist. Die Begehung des Piz Sardona bleibt eine Angelegenheit für Bergsteiger – hingegen ist das eindrücklich tiefe Tal mit seinen steilen Flanken aus Flysch- und Kalkgesteinen ein Wander-Eldorado.

Rechte Seite: Blick in das ursprüngliche Calfeisental unterhalb des Piz Sardona.

«Schiebung – alles nur Schiebung», sagen moderne Geologen, wenn sie die Entstehung der Alpen mit einfachen Worten erklären müssen. Der Begriff «Alpenfaltung» gehört hingegen schon seit Langem in die Mottenkiste, denn die Alpen sind, etwa im Gegensatz zum Jura, kein Faltengebirge, sondern ein Deckengebirge. Riesige Gesteinsdecken – jede Decke besteht üblicherweise aus zahlreichen Gesteinsschichten – wurden aufeinandergeschoben, als die Kontinente Afrika und Europa sich einander näherten und dazwischen die Alpen auftürmten. Nirgendwo auf der Welt sieht man diese Gebirgsbildungsvorgänge klarer und eindrücklicher als rund um die Sardona-Segnas-Gruppe (Bild auf S. 8/9), entlang der Ringelkette, am Foostock oder bei den bekannten Tschingelhörnern mit dem Martinsloch. Der Verlauf der Glarner Hauptüberschiebung lässt sich in diesem Gebiet in allen drei Dimensionen verfolgen. Sogar die gewölbeartige Kuppel der Überschiebungsbahn kann man hier erahnen.

Die Glarner Hauptüberschiebung ist heute nicht mehr aktiv. Die Alpenbildung ist deswegen aber nicht abgeschlossen. Neue Überschiebungen in mehreren Kilometern Tiefe sorgen dafür, dass die Alpen weiterhin in die Höhe gehoben werden. Allerdings wird an der Oberfläche gleichzeitig Gesteinsmaterial abgetragen, sodass die Welterbe-Gipfel ungefähr gleich hoch bleiben.

Die Glarner Hauptüberschiebung lässt sich am einfachsten bei der Lochsite oberhalb Schwanden (GL) (siehe S. 74) entdecken und sogar berühren. Eine schöne Passerelle führt über die Kantonsstrasse zum wohl berühmtesten geologischen Aufschluss der Alpen. Vom Bahnhof Schwanden ist die Lochsite in 15 Minuten zu Fuss erreichbar. Die «magische Linie» der Glarner Hauptüberschiebung kann man aber auch auf einer Wanderung im Calfeisental (Bild rechts), am Foostock im Weisstannental, in Elm oder von der Segneshütte in Flims aus betrachten. Besonders eindrücklich ist die Glarner Hauptüberschiebung vom Fil de Cassons oberhalb Flims oder vom Firstboden oberhalb Elm aus zu sehen, da man dort die «magische Linie» über ein Panorama von rund 200 Grad verfolgen kann.

Links: Die Glarner Hauptüberschiebung in der Westwand des Piz Sardona. Deutlich erkennt man das schmale Band aus Lochsitenkalk zwischen Flysch-Gesteinen unten und Verrucano-Gesteinen oben.

Rechte Seite: Blick von Norden auf den Piz Sardona. Es zeigen sich die leichten Farbunterschiede der grünlichgrauen Verrucano-Gesteine in der Felswand unter dem Gipfel und der dunklen Flysch-Gesteine darunter.

Abendstimmung im Calfeisental.
Die junge Tamina plätschert
über die Flysch-Gesteine.
Die härteren Sandsteinschichten
ragen heraus, die Tonschichten
erscheinen dunkelgrau.

Links: Auf dem Heubützlipass öffnet sich der Blick Richtung Weisstannental mit dem Heubützlisee im Vordergrund.

Rechte Seite: Das idyllische Plattenseeli oberhalb des Calfeisentals auf dem Sardona-Welterbe-Weg. Rechts im Hintergrund ist der Piz Sardona zu erkennen. In der Bildmitte sieht man das Trinserhorn respektive den Piz Dolf.

Linke Seite: Der Piz Sardona im Schneegestöber. Rechts der Piz Segnas.

Rechts: Die Tschingelhörner mit Martinsloch im Winterkleid, fotografiert von der Glarner Seite.

Die «magische Linie» ist eigentlich eine Fläche

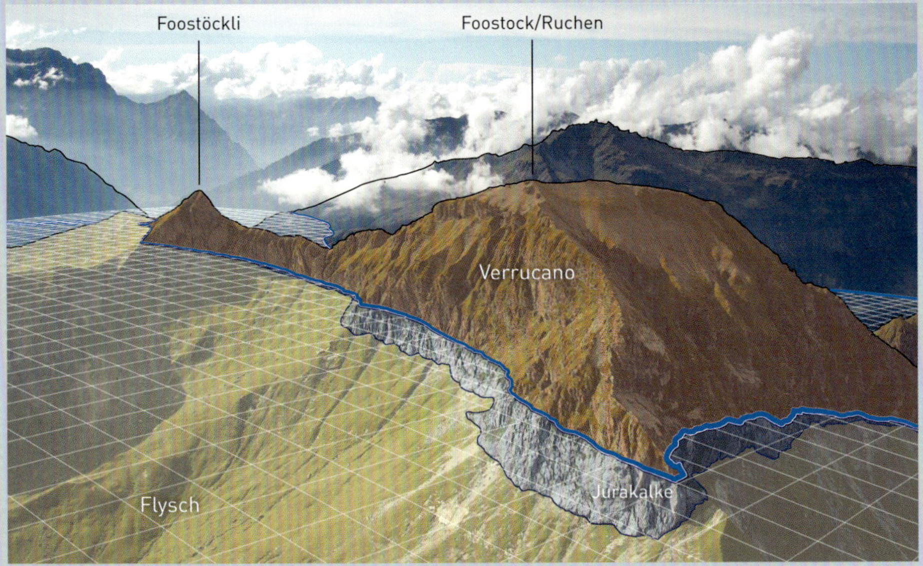

Verrucano-Koloss

Die Gipfelpartie des Foostock besteht aus Verrucano-Gesteinen, das helle Felsband darunter aus Kalken. Die Grasplanggen darunter sind aus Flysch-Gesteinen aufgebaut.
Das weisse Gitternetz stellt die Fläche der Glarner Hauptüberschiebung dar, entstanden mehrere Kilometer tief im Erdinneren, heute als «magische Linie» in den Gipfelaufbauten des Welterbes Sardona sichtbar.

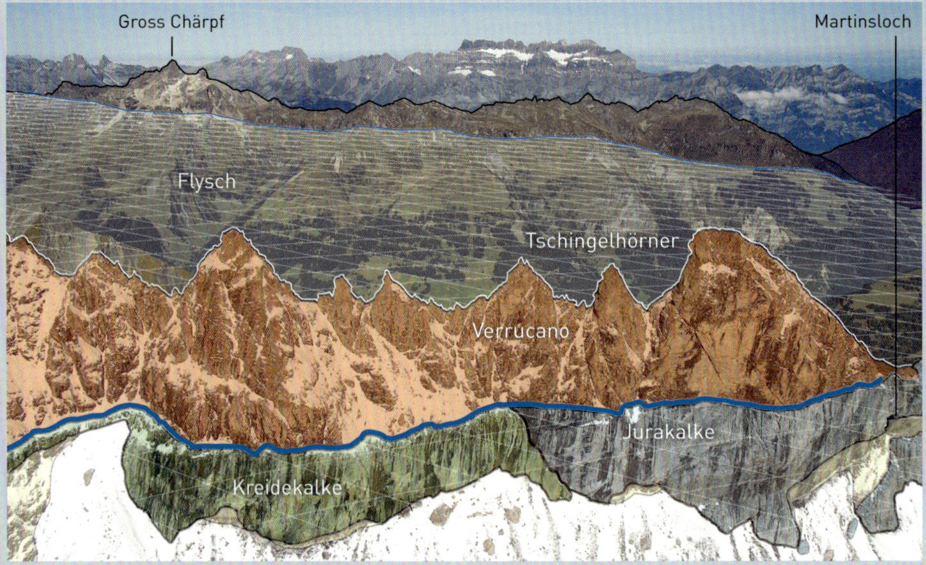

Verrucano-Spitzen

Die Spitzen der Tschingelhörner und des Chärpfgebietes sind die verbliebenen Reste der einst kompakten Verrucano-Gesteinsdecke über der Glarner Hauptüberschiebung. Flüsse trugen die Verrucano-Gesteinsdecke grösstenteils ab und schnitten ein tiefes Tal zwischen Tschingelhörnern und Chärpf ein. Wie lange bleiben die Tschingelhörner uns noch erhalten – als einer der letzten Zeugen dieser einzigartigen Naturerscheinung?

Die Glarner Hauptüberschiebung im Gebiet Piz Sardona-Piz Segnas (Vordergrund) und Ringelspitz/Piz Barghis (Hintergrund). Die «magische Linie» zieht am Fuss der steilen Felswände der Gipfelpartien durch. Die Hauptüberschiebung, als blaue Linie hervorgehoben, ist aber nicht nur eine Linie! Geologen erkannten hier eine riesige Fläche, welche die darüberliegenden harten Verrucano-Gesteine von den darunterliegenden leicht verwitterbaren Flysch-Gesteinen trennt. Wir wissen heute auch, dass die oberen Verrucano-Gesteine über 200 Millionen Jahre älter sind als die Flysch-Gesteine – hier steht die Welt Kopf, da normalerweise die jüngsten Gesteine zuoberst liegen! Das weisse Gitternetz verdeutlicht die Verbindung der Gipfelpartien Sardona-Segnas und Ringelspitz mit der Hauptüberschiebungsfläche. Es macht diese imaginäre Fläche als riesiges kuppelartiges Gewölbe sichtbar, welches die drei Welterbe-Kantone verbindet.

Tiefe Täler, vom Gletscher und Wasser geformt

Der Wildsee unterhalb des Pizols auf der 5-Seen-Wanderung wechselt je nach Lichteinfall seine Farben und bietet zu jeder Tages- und Jahreszeit ein faszinierendes Schauspiel. Im Hintergrund sind die Churfirsten zu sehen.

Das Wasser gestaltet die Landschaft

Unten links: Der Schottensee ist ein sogenannter Karsee. Die natürliche Senke wurde durch Gletscher geschaffen. Der See befindet sich entlang der bekannten 5-Seen-Wanderung im Pizolgebiet.

Unten rechts: Der Rastplatz Windegg auf dem Weg von Bad Ragaz ins Taminatal nach Vättis lädt ein, das Welterbe und seine geologischen Besonderheiten zu entdecken. Ein Fernrohr ist auf spezielle Strukturen in der Bergwelt ausgerichtet, und ein Findling, ein liegen gelassener Steinblock der letzten grossen Vergletscherung, bietet sich für eine Kletterpartie an.

Rechte Seite: Wasserfallarena Batöni bei Weisstannen.

Manche Geologen sagen: «Es gibt eigentlich gar keine Berge, nur Täler. Die Berge sind lediglich das Material, das bei der Talbildung übriggeblieben ist.» Diese wenig schmeichelhafte Beschreibung mag enttäuschen, für das Verständnis der Entstehung der stolzen Berggipfel ist der Gedankengang aber ausgesprochen hilfreich. Denn die Berge sind nicht etwa gewachsen wie zum Beispiel Bäume. Sie wurden aus dem Gebirgskörper herausmodelliert. Und zwar durch die seit Millionen Jahren wirkenden Kräfte von Wind und Wetter, von Gletschern und Bächen. Unaufhörlich nagen diese am Gestein, tragen es ab oder lösen es auf. Rund um den Pizol im Kanton St. Gallen sind die Spuren dieser Kräfte besonders gut sichtbar. Der Pizolgletscher ist zwar mittlerweile grösstenteils verschwunden, seine Spuren sind rund um den Pizolgipfel jedoch noch gut zu erkennen.

Besonders eindrücklich lassen sich die vom Gletscher gebildeten Karseen und Moränenwälle auf der 5-Seen-Wanderung im Pizolgebiet entdecken. Eine alternative Route zu dieser viel begangenen Tour ist der Übergang über den Lavtinasattel Richtung Weisstannen. Dort lässt sich am Stafinellagrat sogar die Glarner Hauptüberschiebung aus der Nähe betrachten.

Auch die tiefen Täler wie das Tamina- oder das Weisstannental wurden durch Gletscher und Bäche geformt. Besonders eifrig hat sich das Schmelzwasser am Ausgang des Taminatals unter dem damaligen Rheingletscher ins weiche Gestein gefressen und dabei die pittoreske Taminaschlucht geschaffen. Diese kann bequem von Bad Ragaz aus besichtigt werden, inklusive der Quelle des Thermalwassers, welches in der Therme Bad Ragaz verwendet wird.

Ebenfalls ein eindrückliches Zeugnis der Arbeit des Wassers am Gestein sind die zahlreichen Wasserfälle in der Welterberegion Sardona. Einige davon gehören zu den höchsten der Schweiz. Aufgrund unterschiedlich harter Gesteinsschichten in den Talflanken haben sich Stufen gebildet, über welche die Wasserfälle in die Tiefe rauschen. Eine eigentliche Wasserfallarena öffnet sich im Talkessel Batöni nahe Weisstannen (Bild rechts).

Links: Rostblättrige Alpenrosen auf dem Horn südlich von Weisstannen. Dahinter eine von vielen Furchen durchzogene Bergflanke aus Flysch-Gesteinen. Die Furchen vereinigen sich zu Runsen mit Wildbächen und zeugen davon, in welchem Ausmass diese Hänge abgetragen werden. Ganz im Hintergrund ist das Pizolgebiet zu sehen. Die Gipfel dort bestehen aus Verrucano-Gesteinen.

Rechte Seite: Die Adern im Gestein im Vordergrund entstanden während der Gebirgsbildung tief im Erdinnern. Das Netzwerk der Adern verdeutlicht, wie das ganze Gestein zertrümmert wurde und dann wieder «verheilte». Härtere Gesteinsschichten im weicheren Umgebungsgestein sind häufig der Ursprung von Wasserfällen, wie etwa hier im Weisstannental.

Folgende Doppelseite: Piz Sardona, Piz Segnas und Tschingelhörner, im Hintergrund der Ringelspitz – die Kronen des Welterbes Sardona im Abendlicht.

Die Kraft vergangener Gletscher

Blick auf den späteiszeitlichen Flimser- und Segnasgletscher

Vor dem endgültigen Abschmelzen verzeichneten die Alpengletscher am Ende der letzten Eiszeit nochmals eine deutliche Vorstossphase («Jüngere Dryas», Zeitraum vor 12900 bis 11600 Jahren). Auch der lokale Flimser Gletscher aus dem Einzugsgebiet Las Palas stiess damals vor und reichte mit seiner aufgefächerten Zunge bis an den oberen Rand der Schwemmebene Plaun Segnas Sut (Unterer Segnesboden). Der benachbarte Segnasgletscher endete damals direkt oberhalb der Steilstufe und schliff diese Felsbarriere in eine rundliche Form. Während dieser späteiszeitlichen Kaltphase könnten die Gletscher im Gebiet so ausgesehen haben wie im Bild rekonstruiert.

Blick auf den späteiszeitlichen Furschgletscher (Schilstal)

Die dicht gescharten, auffällig konzentrisch angeordneten Moränenwälle im Gebiet der Alp Fursch wurden hier während der kühlen Abschnitte der Jüngeren Dryaszeit abgelagert. Das etappenweise Vorstossen und Zurückweichen der abschmelzenden Eismassen ist bis hinauf zu den Gipfelpartien des ehemaligen Nährgebiets in geradezu mustergültiger Art und Weise erhalten geblieben. Die Moränenkränze des Furschgletschers zeugen damit vom pulsierenden Klimacharakter während der ausgehenden Eiszeit.

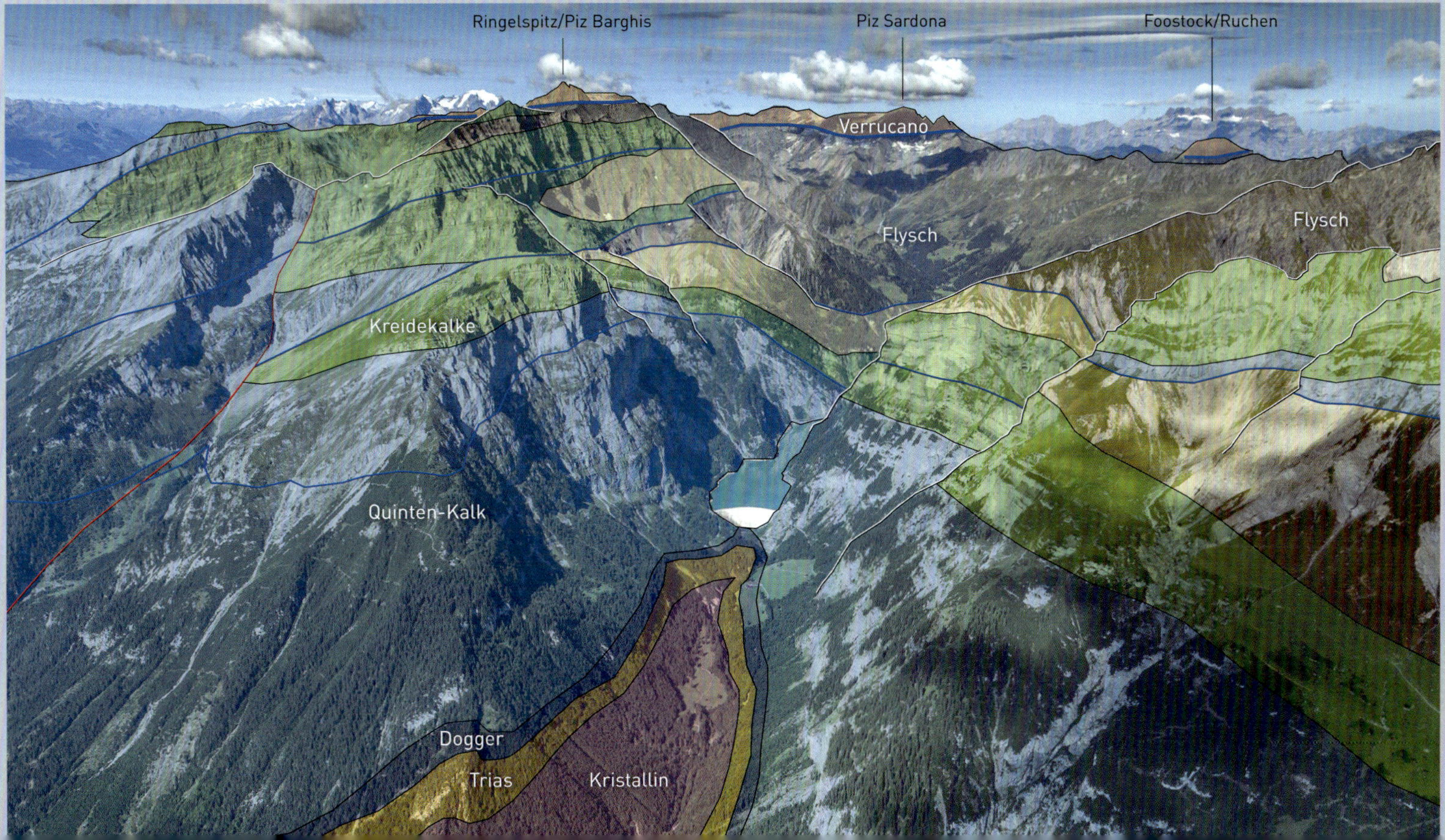

Blick westwärts ins Calfeisental. Am Ringelspitz, Piz Sardona und am Foostock liegen zuoberst Klippen von Verrucano-Gestein über Kalken oder Flysch-Gesteinen. Zuunterst im Calfeisental gegen Vättis sind uralte kristalline Gesteine (Gneise) sichtbar. Sie sind im sogenannten Vättner Fenster rund um das Dorf Vättis durch die Erosion freigelegt worden. Die Kristallingesteine bilden ein Gewölbe, welches auch durch die darüberliegenden Sedimente abgebildet wird: Südlich des Calfeisentals (links im Bild) tauchen die Schichten nach Süden ein, während sie im Norden (am rechten Bildrand) nach Norden eintauchen. Die Umbiegung erkennt man in der Visualisierung unten in den grün eingefärbten Kreidekalken über der in der Bildmitte sichtbaren Staumauer von Gigerwald. Die blaue Linie direkt unter den Verrucano-Gesteinen entspricht der Glarner Hauptüberschiebung. Bei der roten Linie links im Bild handelt es sich um einen Bruch, der die Gesteinsschichten versetzt. Aktuellere Forschungen haben ergeben, dass in den Gesteinen unter der Glarner Hauptüberschiebung viele weitere Überschiebungen vorkommen. Sie sind im unteren Bild mit dünneren blauen Linien gekennzeichnet. Es ist dies eine der Erkenntnisse, die im Gebiet der Tektonikarena Sardona gewonnen werden konnte: Tief im Untergrund blieben frühe Überschiebungen bei späteren Überschiebungen passiv und wurden durch diese zerstückelt.

Links: Die «magische Linie» der Glarner Hauptüberschiebung am Pizol. Die Verrucano-Gesteine über der Hauptüberschiebung erscheinen grünlich und sind zu ausgesprochen spitzen Gipfeln oder Hörnern ausgeprägt. Die Lavtiner Hörner bilden die Kulisse hinter dem Pizolgletscher, die Wildseehörner die Kulisse davor. Die Flysch-Gesteine unter der Hauptüberschiebung zeichnen sich durch zahlreiche steile Couloirs aus, in denen Schnee und Wasser Schuttmassen in die Tiefe verfrachten.

Rechte Seite: Der durch steigende Temperaturen bis auf kleine Reste abgeschmolzene Pizolgletscher hinterlässt gut erhaltene Gletscherspuren wie Gletscherschliffe und -schrammen, Moränenwälle, Schotterfluren oder Karseen wie den Wildsee (rechts) und den Schottensee (links).

Entlang der bekannten 5-Seen-Wanderung finden wir den Schottensee in einer eindrücklichen, vom Gletscher geprägten Landschaft.

Links: Schottensee im Pizolgebiet entlang der 5-Seen-Wanderung. Der Sommer ist auf 2335 m ü. M. nur kurz.

Rechte Seite: Der Wildsee unterhalb des Pizolgipfels (2844 m ü. M., links im Bild mit den Überresten des Pizolgletschers). Der Gipfel rechts im Bild ist der Hochwart (2669 m ü. M.), dazwischen ragen die Lavtinahörner empor.

Die Taminaschlucht bei Bad Ragaz ist am Grund des vereinigten Tamina- und Rheingletschers durch abfliessendes Schmelzwasser entstanden. Es wird angenommen, dass diese tiefen Schluchten unterhalb der Eismassen entstehen. Dort herrscht ein hoher Wasserdruck, der den Felsuntergrund einschneiden hilft. Heute ist die Schlucht ein Besuchermagnet. Sie enthält die Quelle des Thermalwassers, welches in den Bädern von Bad Ragaz verwendet wird.

Der Calanda – Hausberg der Churer

Blick auf die Westwand des Calanda. Unten im Tal, beim Dorf Vättis, sind uralte Kristallingesteine sichtbar. Über diesen folgen die im Meer abgelagerten Sedimente der Trias und des Doggers, dann der Quinten-Kalk und die Kreidekalke. Diese Sedimentabfolgen sind als ganze Gesteinspakete (sogenannte Decken) durch Überschiebungen mehrfach repetiert. Es sind jeweils ältere Gesteine auf jüngere überschoben. Zwischen Vättis und dem Felsberger Calanda ist der Quinten-Kalk fünffach repetiert. Am Haldensteiner Calanda und dessen Felsflanke gegen Vättis sind die Kreidekalke viermal übereinander anzutreffen.

Falten und bunte Steine hoch über dem Walensee

Der Mürtschenstock mit seinen Gipfeln Stock, Fulen und Ruchen ist aufgebaut aus mächtigen Kalkschichten mit einer tonreichen dunkelgrauen Zwischenschicht. Erkennen Sie die riesige versteckte Gesteinsfalte in diesem Bild? Die Auflösung findet sich auf Seite 61.

Die Gesteine erzählen von ihrer Entstehungsgeschichte

Rechts: Die farbenprächtige Abfolge am Gipsgrat umfasst rote Tongesteine des Verrucano (im Bild unten rechts); in diesen eingelagert sind zwei schmale weissliche Bänder von vulkanischen Gesteinen (Ablagerungen einer 250 Millionen Jahre alten Glutwolke). In der Mitte verläuft ein gelbliches Band vom runden Gipfel des Wissmilen schräg nach links durchs Bild. Darin eingelagert sind Gipsschichten. Gegen den linken Bildrand bauen bräunliche Kalke den prominenten Rücken des Magerrains auf. Im Hintergrund die Churfirsten jenseits des Walensees.

Rechte Seite: Die roten Tongesteine im Matossabach, ein Verrucano-Gestein, prägen die Gegend rund um die Spitzmeilenhütte. Im Hintergrund links der Spitzmeilen, das Wahrzeichen der Region Flumserberg.

Als hätte die Natur mit dem Malkasten experimentiert, präsentiert sich die bunte Vielfalt der Gesteine im Gebiet Flumserberg. Es gibt dort neben den üblichen Gesteinsfarbtönen auch rote, grüne, weisse, beigefarbene und sogar violette Steine. Ihre Farben und Formen erzählen die Geschichten ihrer Herkunft. So unterschiedlich sich diese Steine zeigen, an so unterschiedlichen Orten sind sie auch entstanden. Einige der Gesteine wurden in einer Wüste am Äquator abgelagert, andere in einer flachen Meerlagune zur Zeit der ersten Saurier und wieder andere, wie zum Beispiel die Kalke der mächtigen Churfirsten (siehe S. 66/67), im tiefen Meer. Letztere wurden durch unzählige Kalkskelette der damaligen Meerestiere aufgebaut. So ist es nicht verwunderlich, dass in denjenigen Schichten, die im Meer abgelagert wurden, ab und zu Fossilien, zum Beispiel von Tieren ähnlich den heutigen Tintenfischen, zu finden sind.

Die GeoGalerie Flumserberg zeigt auf wenigen Kilometern Länge und auf einfachen Wanderwegen die Farben- und Formenvielfalt der geologischen Phänomene nach dem Vorbild einer Kunstgalerie. Der Maschgenkamm ist Ausgangspunkt für viele weitere Wanderungen ins Welterbe Sardona, zum Beispiel zur Spitzmeilenhütte, zu den Murgseen oder zum Gipsgrat.

Neben dem Farben- und Formenreichtum der Gesteine sind in dieser Region auch die grossmassstäblichen Falten prächtig sichtbar. Eindrücklichstes Beispiel ist wohl die Falte des Sichelchamms hoch über dem Walensee, welche sogar von der Autobahn A3 aus sehr gut sichtbar ist. Aber auch am Sächsmoor und am Magerrain auf dem Flumserberg und natürlich am Mürtschenstock sind diese mächtigen Zeugen der Gebirgsbildung zu sehen. Die Falten wurden vor Jahrmillionen einige Kilometer unter der damaligen Erdoberfläche gebildet, als das Gestein durch hohen Druck und hohe Temperaturen noch zähflüssig wie Honig war.

Ebenfalls von der Walensee-Autobahn aus sichtbar sind die prächtigen Seerenbachfälle, die zu den höchsten der Schweiz gehören. Vor allem bei regnerischem Wetter und im Frühling bieten diese Wasserfälle ein Spektakel, welches ganz in der Nähe der Schiffsanlegestelle Betlis auch von Nahem besichtigt werden kann. Ein Teil des Wassers, welches aus der Rinquelle strömt, stammt aus dem Toggenburg und hat den Berg innert kurzer Zeit durch unterirdische Höhlensysteme durchquert.

Längst kein Geheimtipp mehr ist die Murgsee-Rundtour. Die beliebte Rundwanderung führt auf den roten Verrucano-Gesteinen durch die Kartreppen-Landschaft Murgsee-Rietlichopf, welche durch Gletscher geschaffen wurde. Der untere Murgsee mit seinem uralten Arvenbestand gehört zum Bundesinventar für Landschaften und Naturdenkmäler. Der Blick auf den stolzen Faltenbau des Mürtschen ist ein weiterer Höhepunkt dieser Rundwanderung.

Links: Gesteine in allen erdenklichen Farben und Formen rund um den Spitzmeilen. Hier der ockerfarbene Röti-Dolomit, der in einem seichten Meer abgelagert wurde.

Rechte Seite: Das idyllische Madseeli ist nach kurzer Wanderung von der Spitzmeilenhütte aus erreichbar. Von hier aus bietet sich ein fantastisches Bergpanorama über den nördlichen Teil der Welterberegion Sardona.

Der Wissmeilenpass mit seiner bunten Gesteinsvielfalt. Rechts der Wissmeilen mit deutlich sichtbaren farbigen 200 bis 250 Millionen Jahre alten Gesteinen der Trias-Zeit. Im Hintergrund der markant geformte Spitzmeilen.

Linke Seite: Blick nach Süden. In der Bildmitte der Wissmeilen mit dem hellen Band des Gipsgrates, am linken Bildrand der Spitzmeilen. Am Horizont erkennt man links den Ringelspitz/Piz Barghis und rechts die Tschingelhörner.

Rechts: Blick nach Westen. Die roten Tonschiefer gehören zu den Verrucano-Gesteinen. Die zwei schmalen weisslichen Bänder sind Einlagerungen von vulkanischen Gesteinen. Am Horizont ist der Glärnisch erkennbar.

Blick von der Murgseefurggel nach Norden: Der Mürtschenstock thront hoch über dem Mürtschental. Sein Anblick ist einer der Höhepunkte auf der Murgseerunde, einer bekannten Rundwanderung in diesem Gebiet. Gut zu erkennen auf dem Bild ist die Alp Ober Mürtschen. Hier führt auch die erste Etappe des Sardona-Welterbe-Weges entlang.

Verbogen und zerbrochen durch die Kräfte der Gebirgsbildung

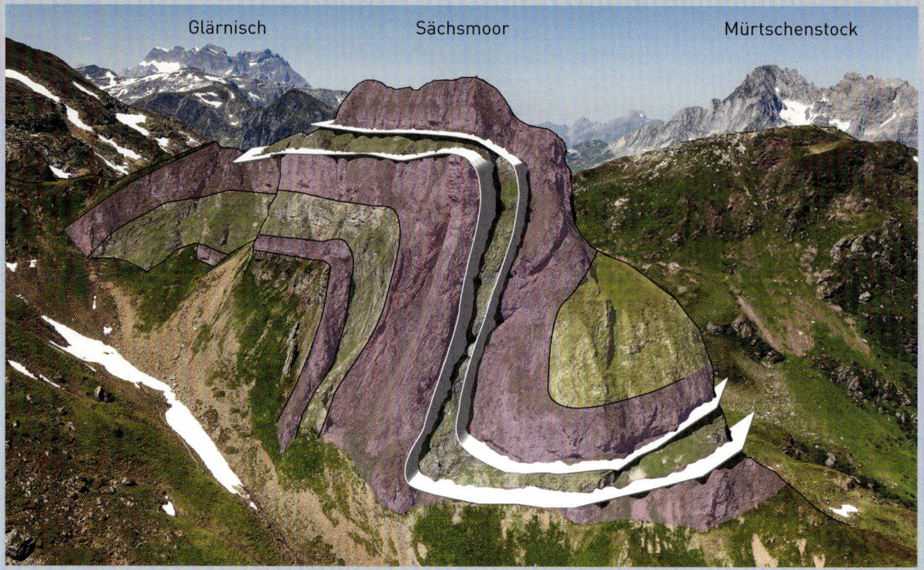

Brüche im Mürtschental

Unter dem Hochmättli ziehen zahlreiche Brüche durch die Verrucano-Gesteine. Diese verlaufen auffallend parallel zueinander, doch zwei Bruchsysteme kreuzen sich. Das längs der Bruchlinien stärker zertrümmerte Verrucano-Gestein wurde von Gletschern und Wasser leichter abgetragen, wodurch die Bruchflächen (rot eingezeichnet) im Landschaftsbild als geradlinige Rinnen betont hervortreten.

Falten am Sächsmoor

Der Sächsmoor von Osten gesehen. Die Kalkschichten bilden markante Falten. Die einst horizontal gelegenen Schichten sind steil gestellt und sogar überkippt. Die dreidimensional hervorgehobenen Schichtgrenzen zeigen, wie die Schichten im Berg liegen.

Blick ostwärts auf den Mürtschenstock. In diesem aus Kalken bestehenden massiven Gebirgsklotz sind der Quinten-Kalk (blau) und die Kreidekalke (grün) in grossräumige Falten gelegt. Links vom Stock ist ein Gewölbe (Antiklinale) zu sehen, unter dem Ruchen eine Mulde (Synklinale). Die Glarner Hauptüberschiebung verläuft mehrere hundert Meter unter dem Mürtschenstock und ist im Untergrund verborgen. Die dreidimensional hervorgehobene Schichtgrenze zeigt, wie sich die Schichten im Erdinneren bei der Gebirgsbildung verfaltet haben.

Links: Blick auf den Oberen Murgsee talauswärts. Gut zu sehen ist die Murgseehütte, eine der Übernachtungsmöglichkeiten auf dem Sardona-Welterbe-Weg.

Rechte Seite: Die Murgseen liegen in einer sogenannten Kartreppen-Landschaft. An der linken Talflanke wirken die Felsen wie abgeschliffen. Sie wurden an der Basis des einstigen Gletschers durch im Gletscher mitgerissenes Geschiebe stark bearbeitet.

Linke Seite: Der untere Murgsee mit seinen uralten Arvenbeständen gehört zum Bundesinventar für Landschaften und Naturdenkmäler. Die roten Verrucano-Gesteine schaffen wasserundurchlässige Böden, was zur Entstehung von Moorlandschaften führt.

Rechts: Die Murgbachschlucht mit den charakteristischen roten Verrucano-Felsen bietet ein eindrückliches Schauspiel, da die blutrote Farbe der Gesteine durch das Wasser erst richtig zur Geltung kommt. Die Verrucano-Gesteine verwittern zu sauren und tiefgründigen Böden, Voraussetzung für die im Murgtal wachsenden Edelkastanien. Ein Besuch des Kastanienweges und der Murgbachschlucht lohnt sich auch für Familien.

Folgende Doppelseite: Panorama der Churfirsten mit Walensee und Mürtschenstock links auf der anderen Seeseite. Die Churfirsten sind aus geschichteten und unterschiedlich gefärbten Kreidekalken aufgebaut. Zwischen der oberen Felswand (direkt unter den Gipfeln) und der unteren Felswand zieht eine Schicht von leicht verwitterbaren Gesteinen (Mergeln) durch. Als Folge sind die beiden Felswände aus Kalksteinen von einem flachen Hang getrennt, auf welchem noch Schnee liegt.

Decken und Falten um den Walensee

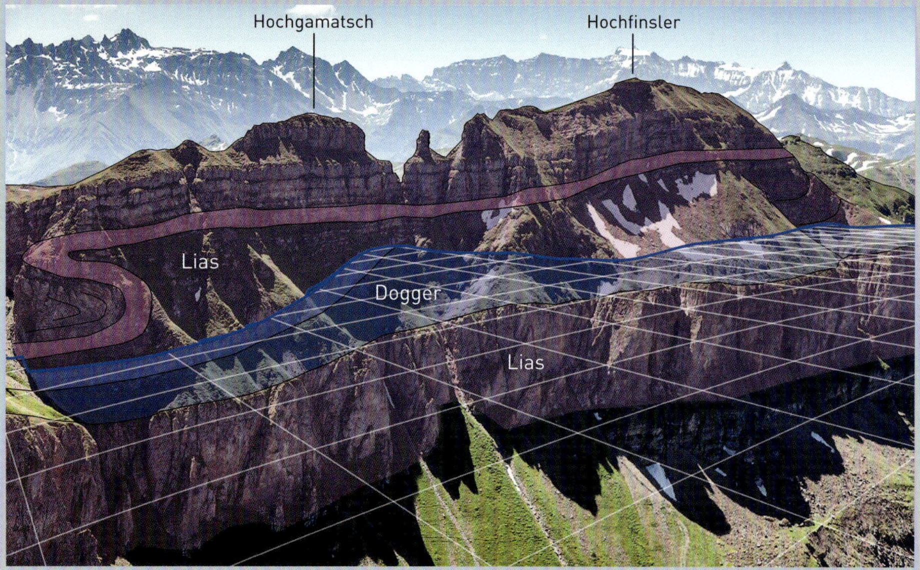

Verfaltet und überschoben

Blick vom Flumserberg gegen Osten: Im Bergrücken Hochfinsler-Hochgamatsch sind die Schichten des Lias in enge Falten gelegt, mit einem überkippten Faltenschenkel links im Bild. Diese älteren Lias-Schichten liegen über den jüngeren Dogger-Schichten. Die Kontaktfläche ist eine Überschiebung (als weisse Gitternetzebene eingezeichnet im Bild).

Verfaltet und durchbrochen

Die spektakuläre Falte am Sichelkamm, welche sogar von der Autobahn entlang des Walensees gut zu sehen ist. Der Schrattenkalk (ein weissliches Kalkband innerhalb der Kreidekalke) biegt deutlich um. Bei genauerem Betrachten stellt sich heraus, dass er zusätzlich durch eine Bruchfläche (rot eingezeichnet) versetzt ist.

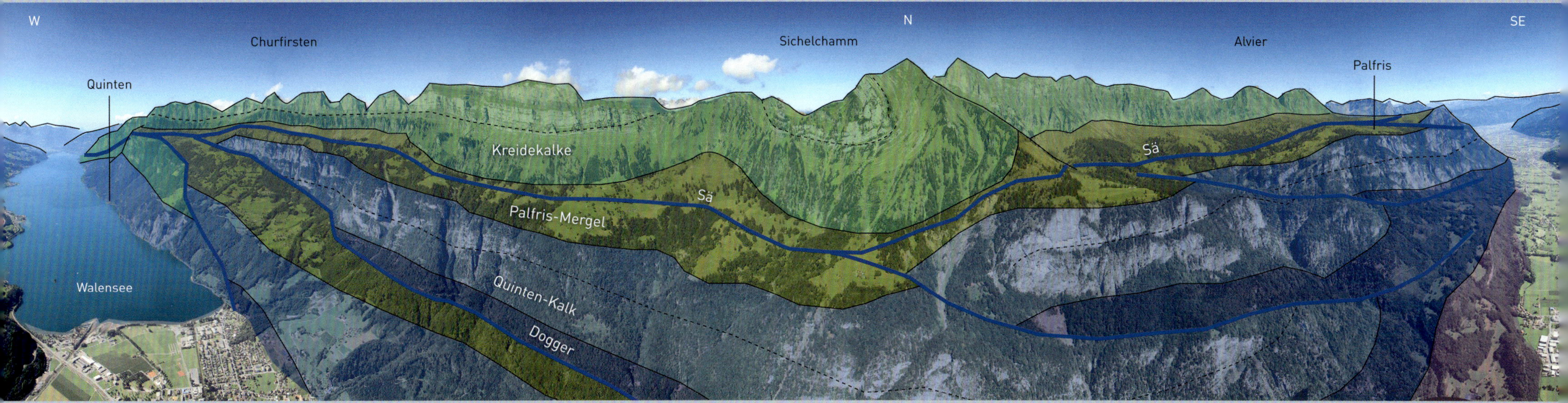

Panoramablick auf Churfirsten-Sichelkamm-Alvier. Die Gipfelpartien werden durch Kreidekalke aufgebaut. Diese sind im Sichelkamm in eine sichelförmige Falte gelegt. Unter diesen Kalken befinden sich die Palfris-Mergel, benannt nach der Alp Palfris am rechten Bildrand. Innerhalb dieser Mergel verläuft die Säntis-Überschiebung (Sä, als blaue Linie gekennzeichnet), welche die Kreidekalke als Gesteinspaket etwa 12 Kilometer nach Norden schob. Unter der Säntis-Überschiebung sind Quinten-Kalk und Dogger-Schichten mehrfach übereinandergetürmt. Der Quinten-Kalk, benannt nach dem Dörfchen Quinten am Walensee, ist sechsfach dachziegelartig übereinandergeschoben. Die entsprechenden Überschiebungen (blau im Bild) reichen bis in die Dogger-Schichten hinunter.

Links: Die Seerenbachfälle nahe Betlis am Walensee gehören zu den höchsten Wasserfällen der Schweiz. Sie stürzen über drei Stufen die Kalkfelsen hinunter.

Rechte Seite: Unmittelbar bei der Prallzone der Seerenbach-Kaskade tritt die Rinquelle aus dem Berg (kleiner Wasserfall rechts). Dahinter verbirgt sich eines der grössten unterirdischen Flusssysteme Europas. Das austretende Wasser stammt aus dem Toggenburg.

Glarnerland – Land voll Geologie

Über der Alp Fesis mit Blick Richtung Süden zum Piz Sardona (in der Bildmitte am Horizont). Das Gebiet Fesis oder Fessis ist mit der Aeugstenbahn ab Ennenda über den Fessis-Rundweg gut zu erreichen. Die malerische Gegend mit herrlicher Aussicht auf die Glarner Alpen wurde durch die Gletscher modelliert.

Pilgerstätten für Geologen

Rechts: Der «heilige Gral» der Geologen: die Lochsite zwischen Sool und Schwanden. An einem der berühmtesten geologischen Aufschlüsse der Alpen kann die Glarner Hauptüberschiebung unmittelbar neben der Kantonsstrasse bewundert und sogar angefasst werden. Das Naturmonument ist ab dem Bahnhof Schwanden auf einem 15-minütigen Spaziergang zu erreichen.

Rechte Seite: Die Chärpfbrugg ist ein natürlicher Tunnel durch die Glarner Hauptüberschiebung – ein Spass für Kinder und gleichzeitig ein Glücksfall für Geologen. Die Naturbrücke ist auf einer einfachen Wanderung ab Mettmen im Kärpfgebiet erreichbar. Die Entdeckung der bunten Gesteinsvielfalt gleich unterhalb der Kärpfbrücke lässt Geologen- und Kinderherzen gleichermassen höherschlagen.

Der Kanton Glarus ist wohl der geologisch vielfältigste Kanton der Schweiz. Wer ihn vom Tödi bis zum Walensee durchquert, erlebt 300 Millionen Jahre Erdgeschichte. Es ist somit kein Wunder, dass sämtliche Berge der Tektonikarena Sardona – auch diejenigen, die zu den Kantonen Graubünden oder St. Gallen gehören – geologisch zu den Glarner Alpen gezählt werden. Und auch die Glarner Hauptüberschiebung behält ihren Namen jenseits der Glarner Kantonsgrenze bei. Das Glarnerland bietet aus geologischer Sicht von allem etwas: in Fachkreisen weltbekannte und gut zugängliche Aufschlüsse der Glarner Hauptüberschiebung bei der Lochsite (Bild Mitte) oder bei der Kärpfbrücke (Bild rechts), tiefe Schluchten wie die Linthschlucht, fotogene Wasserfälle wie den Berglistüber, eine bunte Gesteinsvielfalt auf Aeugsten oder rund um die Fessis-Seeli, eindrückliche Karsterscheinungen wie die Hellochdoline oberhalb des Talalpsees und natürlich die bekannte Ansicht der Tschingelhörner, wo zweimal im Jahr die Sonne durch das Martinsloch (siehe Bild S. 4/5) auf den Kirchturm von Elm scheint.

Vielfältig sind denn auch die Möglichkeiten im Glarnerland, die Tektonikarena Sardona zu entdecken. Als dokumentierte Wanderwege stehen der GeoPhänomene-Weg oberhalb Filzbach, der Fessis-Rundweg auf Aeugsten oberhalb Ennenda oder der Firstbodenrundweg auf der Tschinglenalp oberhalb Elm zur Verfügung. Einen ausgezeichneten Einblick in die Tektonikarena Sardona erhält man auch auf dem einfachen Höhenweg zwischen Obererbs und Ämpächli oder im für Familien inszenierten Riesenwald ob Elm. Geologisch ebenfalls sehr spannend ist das Kärpfgebiet, welches von manchen Geologen als «Vulkanpark» bezeichnet

wird. Als geologischer Höhepunkt dieses ältesten Wildschutzgebietes Europas ist die Kärpfbrücke zu erwähnen. Die Glarner Hauptüberschiebung kann hier in einem natürlichen Tunnel quasi durchwandert werden. Der Reichtum farbigen Gesteins direkt unter der Kärpfbrücke lässt Kinder- und Geologenherzen höherschlagen.

Der Berglistüber, einer der interessantesten und schönsten Wasserfälle der Welterberegion Sardona, ist an der Klausenpassstrasse, vom Parkplatz beim Restaurant «Bergli» aus, in wenigen Minuten erreichbar. Wie ein Vorhang fällt der Wasserfall von einem Felsvorsprung. Hinter dem Wasserfall ist eine weitere Überschiebung von zwei unterschiedlichen Gesteinsdecken sichtbar – auch dies ein Zeuge der enormen Kräfte, welche die Alpen auftürmten.

Das Glarnerland hat eine lange Bergbautradition. In der Blütezeit des Schieferbergbaus wurde der Glarner Schiefer zu Tischplatten, Schultafeln oder Dachabdeckungen verarbeitet und fast in die ganze Welt exportiert. Im 17. Jahrhundert war der Landesplattenberg eine bedeutende Einkommensquelle für das Land Glarus und für das Dorf Engi. Quasi als Nebenprodukt des Schieferabbaus wurden zwischen den Schieferschichten einzigartige Fossilien gefunden, welche von der Pflanzen- und Tierwelt vor 35 bis 50 Millionen Jahren zeugen. Heute kann der Plattenberg mit seinen Fossilien oberhalb Engi zu gewissen Zeiten besichtigt werden.

Links: Dolinen gehören zu den sogenannten Karstphänomenen. Eine unterirdische Höhle ist hier eingestürzt, da das leicht saure Wasser das Kalkgestein immer mehr aufgelöst hat. An der Hellochdoline kommt vorbei, wer den Sardona-Welterbe-Weg ab Filzbach oder den Weg «GeoPhänomene Kerenzerberg» begeht.

Rechte Seite: Ein See ohne sichtbaren Zu- und Abfluss wie der verträumte Talalpsee oberhalb von Filzbach deutet auf ein unterirdisches Karstsystem hin. Die zahlreichen Höhlen, die rund um den See im Kalkgestein sichtbar sind, bestätigen, dass die Wasserströme hier unterirdisch zirkulieren. Der Talalpsee ist übrigens der erste Höhepunkt der mehrtägigen Weitwanderung auf dem Sardona-Welterbe-Weg.

Unterhalb des bekannten Skitourenberges Schilt ist eine formtypisch ausgeprägte Gehängeschutthalde zu sehen, auf der sich häufig Steinböcke beobachten lassen. Die Schutthalden zeigen uns, dass die Erosion die Berge laufend abträgt und unaufhörlich darauf hinarbeitet, die Landschaft einzuebnen. Erreichbar ist das Schilttal ab Aeugsten oberhalb Ennenda.

Merkmale der Gebirgsbildung in den Glarner Alpen

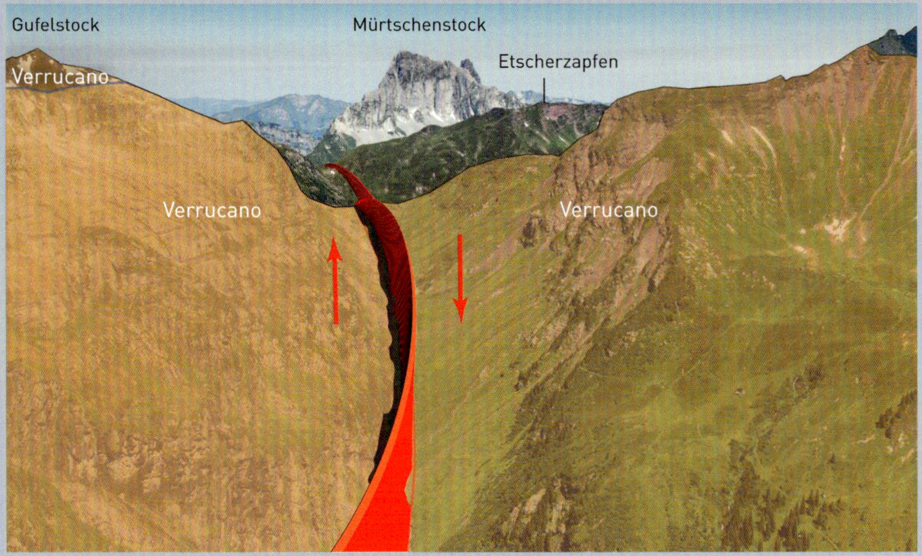

Wie Berge entlang von Brüchen versetzt werden

Blick nach Norden auf die Widersteinerfurgglen. Ein vertikaler Bruch zieht sich das Tal hinauf über die Widersteinerfurgglen und setzt sich nach hinten (Murgseefurggel) fort. Die Bruchfläche verläuft genau entlang der Talachse und ist im Bild rot eingezeichnet. Die Verrucano-Gesteine beidseits des Bruches sind versetzt: Der westliche Block mit Gufelstock ist angehoben, der östliche Block abgesenkt.

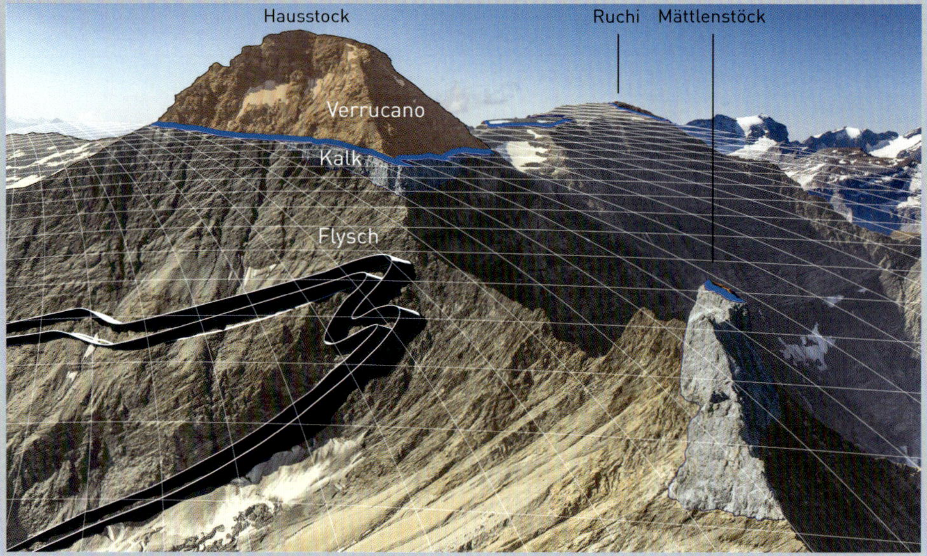

Verfaltete, mitgerissene und überschobene Gesteinsmassen

Blick nach Südwesten auf den Hausstock. Hier liegen Verrucano-Gesteine des Gipfels auf Flysch-Gesteinen. Am Kontakt setzt nach rechts eine Linse von Kalk ein. Die Glarner Hauptüberschiebung entspricht der Untergrenze der Verrucano-Gesteine. Aber auch der Kontakt zwischen Kalk- und Flysch-Gesteinen stellt eine Überschiebung dar. Die Kalklinse wurde beim Akt der Überschiebung tief im Erdinnern losgerissen und mitgeschleppt. Innerhalb der Flysch-Gesteine ist eine Falte in Form der Zahl 3 auszumachen. In den Mättlenstöck im Vordergrund ist dieselbe Abfolge von Flysch-, Kalk- und Verrucano-Gesteinen vorhanden. Die Verrucano-Gesteine bilden einen winzigen Erosionsrest im Gipfelbereich.

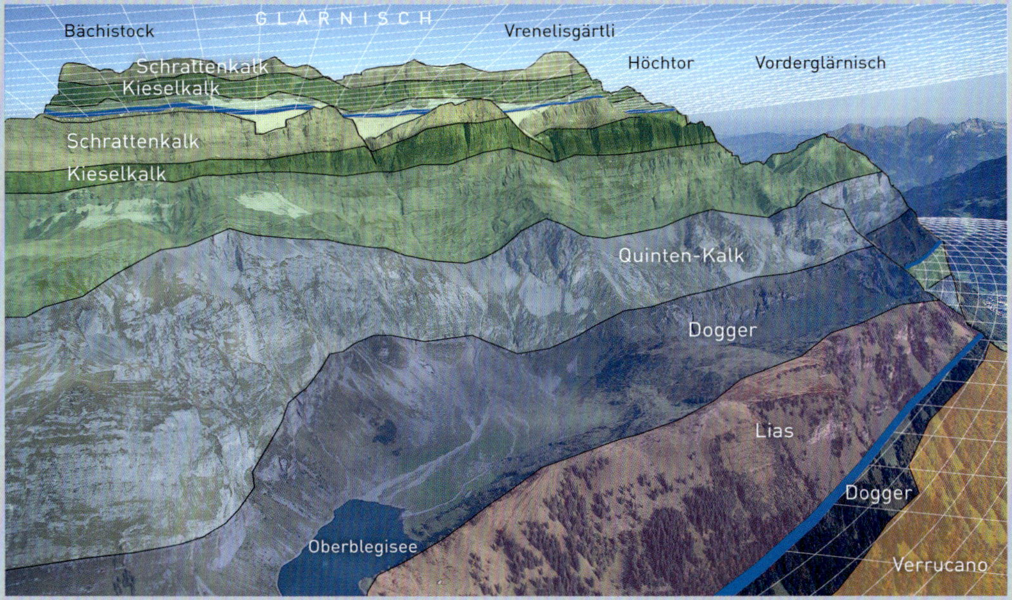

Von Überschiebungen und Decken

Blick nach Nordwesten auf den Glärnisch.
Im Glärnisch sind mehrere Decken übereinandergeschoben, getrennt von Überschiebungen (= Gitternetze). Die unterste Decke besteht aus Verrucano-Gesteinen und Dogger-Schichten. Eine erste Überschiebung trennt die jüngeren Dogger-Schichten von den darüberliegenden älteren Lias-Schichten. Die mittlere Decke besteht aus einer Abfolge von Sedimenten der Jurazeit (Lias, Dogger und Quinten-Kalk) und der Kreidezeit (mit Kieselkalk und Schrattenkalk speziell ausgeschieden). Bächistock und Vrenelisgärtli bestehen wiederum aus Kieselkalk und Schrattenkalk. Die Überschiebung dieser oberen Decke tritt unter dem Höchtor an den Horizont. Insgesamt liegen also drei Gesteinspakete oder eben Decken übereinander, und in jeder Decke befinden sich die Schichten in normaler Abfolge (unten ältere, oben jüngere).

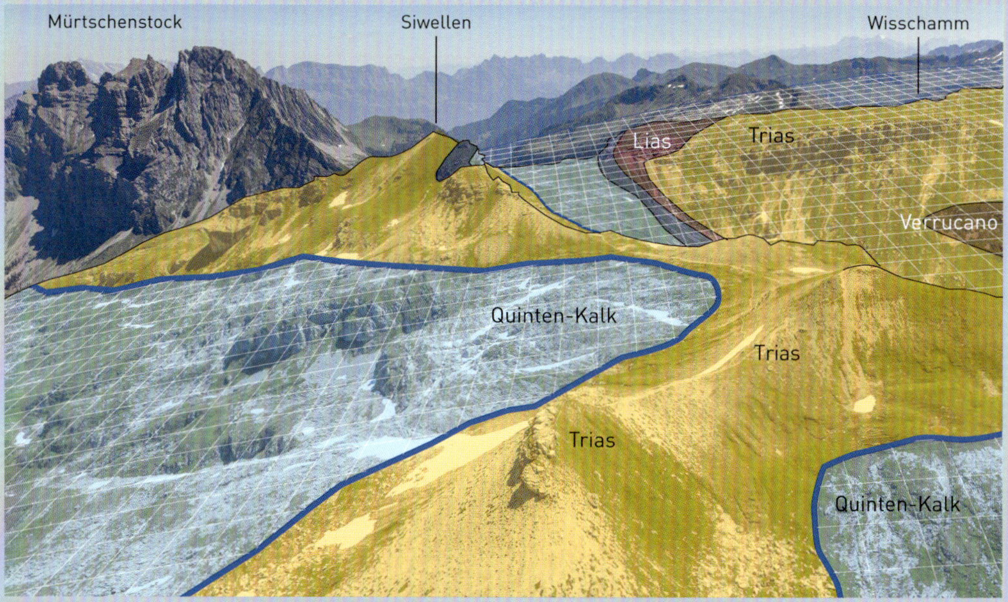

Aus alten Gesteinen gebildete Berggipfel

Blick ostwärts auf Siwellen und Wisschamm.
Der Bergrücken im Vordergrund (links Tristli, rechts Schilt) besteht aus Trias-Gesteinen, welche auf jüngerem Quinten-Kalk liegen.
Der Kontakt ist eine Überschiebung (als weisses Gitternetz eingezeichnet). Diese Trias-Schichten lassen sich bis in die Siwellen verfolgen. Am Wisschamm hingegen liegen die Trias-schichten unter dieser Überschiebung. Sie stellen dort die Unterlage des Quinten-Kalkes dar.

Links: Die Fessis-Seeli können auf einer rund fünfstündigen Rundwanderung ab Aeugsten (mit der Aeugstenbahn ab Ennenda) besucht werden. Hier oben findet man eine bizarre und farbenprächtige Landschaft fernab der Zivilisation. Auf der Ebene wechseln sich der helle Röti-Dolomit und rote Tonsteine ab.

Rechte Seite: Die Fessis-Seeli liegen in einer malerischen, vom Gletscher geschaffenen Landschaft mit spektakulärer Aussicht auf die Glarner Berge. Die bunten Gesteine stammen aus der Triaszeit.

Hier ist der Name Programm: Unterhalb von Schwarzstöckli und Wisschamm liegt Rotärd. Die rote Farbe des Untergrundes stammt vom Eisen im Gestein und entspricht dem bekannten Rost. Im Hintergrund der Mürtschenstock. Rotärd ist von Aeugsten oberhalb Ennenda aus zu erreichen und lässt sich von dort zum Beispiel auf einer Wanderung nach Habergschwänd oberhalb Filzbach erleben.

Im Landesplattenberg bei Engi sind die Spuren des ehemaligen Schieferabbaus gut zu sehen. Der Plattenberg war nicht nur von wirtschaftlicher Bedeutung für das Glarnerland, er zog auch immer wieder Geologen und Paläontologen an. Zahlreiche berühmte Forscher beschäftigten sich (und beschäftigen sich bis in die Gegenwart) mit den Fossilien und der Geologie des Plattenberges. Heute finden hier regelmässig Führungen und Konzerte statt.

Links: Die bekannte doppelte Pantenbrücke bei Linthal zeugt vom Geschick früherer Ingenieure, die tiefe und unzugängliche Linthschlucht zu überwinden. Auf engstem Raum können hier Bautechniken aus verschiedenen Brückenbauepochen beobachtet werden. Die Brücke verbindet Linthal über den Kistenpass mit Breil/Brigels im Kanton Graubünden und dient als Zugang zum geologisch interessanten Tödi-Gebiet.

Rechte Seite: Der Berglistüber nahe der Klausenpassstrasse ist einer der schönsten Wasserfälle in der Welterberegion Sardona. Hinter dem Wasserfallvorhang kann eine Überschiebung von Gesteinsdecken aus nächster Nähe bewundert werden.

Tödi – der mächtige Berg bröckelt

Zwischen Entstehen und Vergehen

Blick nach Südsüdosten auf den Tödi, den höchsten Glarner Gipfel. Der Untergrund des Tödimassivs besteht aus Kristallin (Graniten und Gneisen). Darüber folgt die im Bild gelb eingefärbte Schicht der Trias-Gesteine. Über dieser wiederum liegen Dogger (eine dünne, dunkelblau gefärbte Schicht) und der mächtige Quinten-Kalk, welcher hohe Felswände bildet. Die Trias-Gesteine ziehen sich schlangenförmig durch das Gelände. Dies ist zum Teil ein Effekt der Topografie, doch sind die Schichten auch gefaltet. Am Bifertengrätli gibt es ein altes Sedimentgestein (Karbon), in dem man fossile Pflanzen findet. Diese Sedimente sind jünger als das Kristallin, aber älter als die Trias-Gesteine. Im Jahr 1965 ging von der Felswand unter dem Sandgipfel ein Bergsturz nieder. Wie das Foto zeigt, bewegte sich die Trümmermasse weit ins Tal hinunter. Der Bergsturz verschüttete grosse Teile der Lokalität Röti. Diese hatte ihren Namen von den ockergelb bis nahezu orange anwitternden Gesteinen der Trias-Schichten und gab diesen den Namen Röti-Dolomit. Die Trias-Schichten ziehen im Tal rechts im Bild gegen den Sandfirn und Piz Cazarauls. An der Stelle des gelben Sterns befinden sich Saurierspuren im Gestein.

Welterberegion Flims – Gebirgsbildung und Bergstürze

Mystische Stimmung in der Rheinschlucht (Ruinaulta) in der Welterberegion Sardona. Das Trümmermaterial des grössten Bergsturzes von Europa ist hier als sogenannte Ruinas sichtbar, bizarre Gebilde, die durch Erosion und Verwitterung geprägt wurden.

Grösster Bergsturz Europas

Rechts: Menhir mit der Kirche San Remigius.

Rechte Seite: Einige Zeit vor dem Flimser Bergsturz lösten sich vom markanten Säsagit circa 1 bis 1,6 Kubikkilometer Gestein und stürzten ins Tal hinunter. Dieser sogenannte Taminser Bergsturz gilt als der viertgrösste Bergsturz der Schweiz. Die Abrissnische ist vom Kunkelspass aus gut zu sehen. Der Turm steht als Mahnfinger dieses Ereignisses unbeirrt da.

Weltuntergang in der Welterberegion rund um Flims vor 9400 Jahren. Gut über 7 Kubikkilometer Gestein – dies entspricht in etwa dem Volumen von 10 Matterhörnern und einem Gewicht von fast 20 Milliarden Tonnen – stürzen ins Tal und füllen es mit Schutt und Trümmern. Innert kürzester Zeit verändert sich die gesamte Landschaft grundlegend. Bis heute prägt dieser grösste Bergsturz Europas die Welterberegion rund um Flims massgeblich. Eine riesige Abrissnische klafft noch heute gut sichtbar in der Landschaft, einen Teil des damaligen Gebirgszuges liess der Bergsturz als Flimserstein zum Glück stehen. Die Sturzmassen des apokalyptischen Ereignisses pflügten den Talgrund komplett um. Bei Reichenau fuhren die Schuttmassen in einen See, welcher sich hinter dem früheren Bergsturz von Tamins gebildet hatte. Dessen Abrissnische ist von Reichenau aus sehr gut sichtbar im Felszirkus Säsagit-Garschlichopf. Ein «Mahnfinger», der Turm vor dem Säsagit, blieb stehen und erinnert an dieses Ereignis (Bild rechts). Die Schuttmassen des Flimser Bergsturzes stauten ihrerseits einen See auf, der bis nach Ilanz reichte. In den folgenden Jahrtausenden suchte sich das Wasser des Ilanzer Sees einen Weg durch die Schuttmassen des Bergsturzes und schuf dabei ein Naturjuwel, das heute als Ruinaulta oder Rheinschlucht bezeichnet wird (Bild S. 104/105). Touristiker sprechen auch vom kleinen Grand Canyon der Schweiz, um damit die Ähnlichkeit zum Grand Canyon in den USA zu betonen.

In der Geologie wird meist mit Zeitmassstäben von Jahrmillionen gemessen. Viele der in der Welterberegion rund um Flims wahrnehmbaren Merkmale der Gebirgsbildung der letzten Jahrtausende sind somit geologisch gesehen noch sehr jung. Eine

Siedlung im Raum Chur belegt, dass sogar bereits Menschen die oben erwähnten Bergstürze miterlebt haben. Im Untergrund prägt ein ausgedehntes Karstsystem die Region, das für interessante Erscheinungen im Hochtal Bargis oder rund um die Flimser Seen wie dem Crestasee oder dem Caumasee auf der Bergsturzablagerung sorgt.

Rund um Flims kann die Kraft des Wassers bei der Formgebung der Berge gut beobachtet werden. Die sich ständig wandelnden Segnesböden oder die spektakulären Strudeltöpfe auf der Alp Mora bei Trin, im Lavoibach und im Flem sind Beispiele dafür.

Im heutigen Falera haben bereits vor 3500 Jahren die damaligen Bewohner ihre Beobachtungen der Gestirne mittels Steinen festgehalten. Die bronzezeitliche Megalithanlage, Parc la Muota, gehört zu den grössten astronomischen Zentren der Schweiz. Schalensteine und Menhire aus dieser Zeit zeigen noch heute die Sommer- und Wintersonnenwende an (Bild links).

Wenn durch die Kollision zweier Kontinente ein Gebirge entsteht, werden in der Knautschzone dazwischen kilometergrosse Gesteinspakete beziehungsweise Decken übereinandergeschoben. Die Gesteine in unmittelbarer Nähe der Überschiebungen werden deformiert und teilweise in Falten gelegt. Auf der Bündner Seite der Tektonikarena Sardona sind diese Phänomene besonders eindrücklich einsehbar.

Linke Seite: Blick vom Kunkelspass über die vom Gletscher geschaffene Landschaft Richtung Sennenstein und Säsagit (im Bild links). Rechts davon liegen Crap Mats und Morchopf. Im rechten Bildteil der Schafgrat. In der Lücke dazwischen ist der Ringelspitz/Piz Barghis zu sehen.

Rechts: Die «magische Linie» der Glarner Hauptüberschiebung am Ringelspitz/Piz Barghis, hervorgehoben durch die Farbunterschiede in den grünlichen Verrucano-Gesteinen oben und den dunklen Flysch-Gesteinen unten. Das helle Band des Lochsitenkalks dazwischen unterstreicht die «magische Linie».

Wie an einer Perlenkette aufgereiht präsentieren sich die Strudeltöpfe in der Val Maliens auf der Alp Mora oberhalb Trin. Fälschlicherweise werden diese Gebilde häufig als Gletschermühlen bezeichnet. Jedoch war an ihrer Entstehung wohl kein Gletscher beteiligt. Sie kamen einzig und allein durch die Verwirbelung des Wassers und die Schleifwirkung der mitgeschleppten Sandpartikel und härteren Bruchstücke aus Verrucano-Gestein im weicheren Kalkstein zustande.

Vorhergehende Doppelseite: Blick in Richtung Surselva (links) und Flims (Bildmitte). Am Horizont thronen die Zacken der Tschingelhörner, rechts ist der Ringelspitz/Piz Barghis sichtbar. Die abgelagerten, heute grösstenteils bewaldeten Trümmermassen des riesigen Flimser Bergsturzes werden vom Vorderrhein durchschnitten und abgetragen (siehe auch S. 107).

Links: Der Vorderrhein windet sich in Schlaufen, sogenannten Mäandern, durch die Trümmermassen des Flimser Bergsturzes. Er hat auf diese Weise die pittoreske Rheinschlucht (Ruinaulta) geschaffen. Auf der Aussenkante der Mäander, dem Prallhang, erodiert der Fluss, sodass die Vegetation nicht Fuss fassen kann.

Rechte Seite: Die markanten Anrisse der Rheinschlucht wie auch die Tobel der Seitengewässer Flem, Rabiusa und Laaxerbach gewähren einen interessanten Einblick in das durch den Flimser Bergsturz zertrümmerte Gesteinsmaterial. Besonders auffallend sind die vegetationslosen, oft blendend weissen Steilwände – die sogenannten «Ruinas». Verwitterung und Abspülung haben diese bis zu 300 Meter hohen phantastischen Gebilde modelliert.

Der Vorderrhein hat sich in den letzten 9400 Jahren durch die Trümmermassen des Flimser Bergsturzes gefressen und dabei die Rheinschlucht (Ruinaulta) geschaffen. Diese beherbergt zahlreiche Biotope und Lebensraumtypen mit einer grossen Vielfalt an Pflanzen und Tieren und ist von besonderem ökologischem Wert. Es handelt sich bei diesem Gebiet um eine Landschaft von nationaler Bedeutung. Die Schlucht ist auch bei Wassersportlern beliebt. Auch gibt es einige erlebnisreiche Wanderwege, etwa von Reichenau entlang dem Rhein nach Bonaduz oder von Flims über die Aussichtsplattform Il Spir hinunter nach Versam Station.

Ringelspitz – höchster Berg des Welterbes Sardona

Die «magische Linie» der Glarner Hauptüberschiebung am Ringelspitz/Piz Barghis mit Blick gegen Osten. Die Gipfelpartie wird durch Verrucano-Gesteine aufgebaut, welche durch die Hauptüberschiebung auf Flysch-Gesteine geschoben wurden. Die Fläche der Glarner Hauptüberschiebung ist durch das weisse Gitter dargestellt.

Flimserstein und Cassonsgrat

Die Nord- und Ostwand des Flimsersteins (Crap da Flem). Zwei Verrucano-Klippen sitzen oben auf den jüngeren Kreidekalken. Im Vordergrund zieht sich der Tscheppgrat des Ringelspitzes quer durchs Bild. Dieser Grat besteht aus Verrucano-Gesteinen, die auf Flysch-Gesteine überschoben sind.

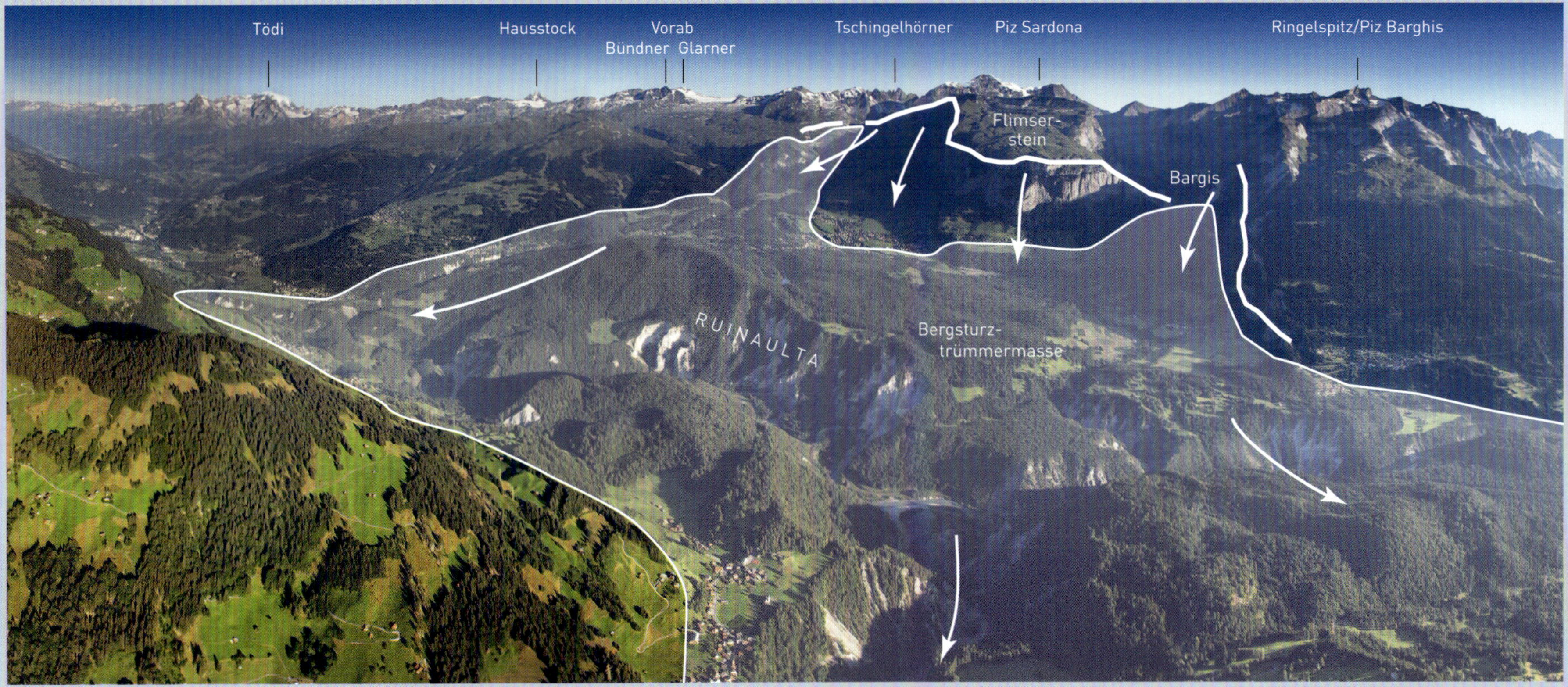

Panoramabilder des Flimser Bergsturzes, Blickrichtung nach Nordosten (oben) und Nordwesten (unten). Die dicke weisse Linie kennzeichnet den Abrissrand am Flimserstein. Rechts davon befindet sich der Abrissrand eines kleineren Nachsturzes bei Bargis. Im Hintergrund (Bild oben) sieht man die Trümmermasse eines Bergsturzes, der vom Kunkelspass niederging. Die Trümmermasse des Flimser Bergsturzes ergoss sich nach Westen Richtung Glion/Ilanz, nach Süden ins Safiental und nach Osten Richtung Bonaduz. Dieser grösste Bergsturz der Alpen erfolgte vor 9400 Jahren und staute den Vorderrhein zu einem See namens Ilanzersee. Als dieser See überlief, schnitt sich der Vorderrhein sukzessive in die Trümmermasse ein, was zur Bildung der imposanten Ruinaulta führte.

Der Caumasee wird auch «die Perle von Flims» genannt, weil sein türkisfarbenes Wasser an die Karibik erinnert. Der See ist auf den Bergsturz-Trümmermassen entstanden und wird unterirdisch über ein kompliziertes Karstsystem mit Wasser gespiesen. Seine Farbe erhält er von feinen Kalkpartikeln, die im Wasser schweben.

Auch der malerische Crestasee bei Trin ist auf den Trümmermassen des Flimser Bergsturzes entstanden und wird unterirdisch mit Wasser gespeist. Wie im Caumasee ist ein abkühlendes Bad auch hier ein Erlebnis.

Die natürlich fliessenden Bachläufe verändern je nach Lichtverhältnissen und Wasserstand das Aussehen der Segnesböden. Was bleibt, ist der Kampf der Vegetation mit den sich ständig ändernden Bedingungen eines an sich schon widrigen Hochgebirgsklimas.

Linke Seite: Grosse Teile des Gletschervorfelds des Oberen Segnesboden (Plaun Segnas Sura) sind mit seltenen Pflanzengesellschaften bedeckt. Auf über 2300 Metern Meereshöhe hinterlässt der Wasserlauf des Flem von seiner Quelle im Oberen Segnesboden bis zum imposanten Wasserfall im Unteren Segnesboden natürlich fliessende Bachläufe. In der Bildmitte der Gipfel des Atlas mit seinem eindrücklichen Aufbau aus Verrucano-Gesteinen und der gut sichtbaren Glarner Hauptüberschiebung.

Rechts: Auch der markante Gipfel des Piz Dolf besteht aus uralten Verrucano-Gesteinen – darunter messerscharf die «magische Linie» der Glarner Hauptüberschiebung. Der Abtrag der Flysch-Gesteine darunter ist in Form von Gehängeschutthalden gut sichtbar.

Links: Der Untere Segnesboden (Plaun Segnas Sut) vereint drei Biotoptypen von nationaler Bedeutung: Schwemmebene, Flachmoor und Moorlandschaft. Entstanden ist er vermutlich aufgrund von Ablagerungen des Flimser Bergsturzes, die das ursprüngliche Gebirgstal abriegelten. Das Tal füllte sich fortan langsam mit dem von den umliegenden Gebirgsbächen transportierten und abgelagerten Schutt.

Rechte Seite: Der Obere Segnesboden (Plaun Segnas Sura) ist ein Gletschervorfeld mit Schwemmebene von nationaler Bedeutung. Entstanden ist er, weil ein Felsriegel aus härteren Gesteinen am Ende der Ebene eine Barriere für den Abfluss bildete. Dies führte zur Ablagerung von Kies und Sand vor dem Felsriegel. Im Hintergrund thronen gut sichtbar die Tschingelhörner über der Glarner Hauptüberschiebung.

Geologische Vielfalt oberhalb Flims

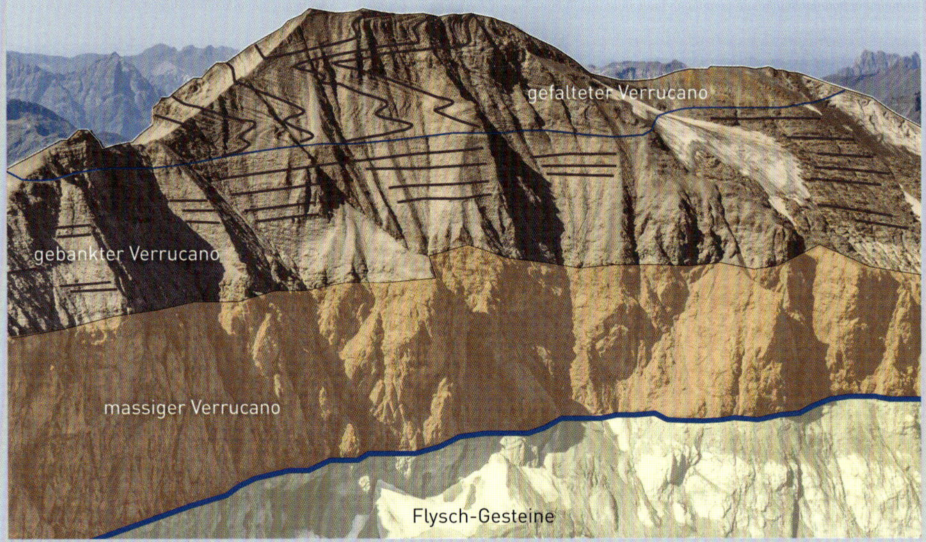

Piz Segnas – von Falten und Überschiebungen

Falten in den Verrucano-Gesteinen in der Ostwand des Piz Segnas. Im oberen Teil der Flanke sind einzelne Sandsteinbänke in enge Falten gelegt. Im unteren Teil verlaufen sie horizontal, während der unterste Teil der Verrucano-Gesteine massig und ungebankt ist. Am Fuss der Felswand sind Flysch-Gesteine sichtbar. Die blau markierte dünne Trennlinie ist eine Verrucano-interne Überschiebung. Solche kleineren, der Hauptüberschiebung untergeordneten Strukturen lassen sich vielerorts beobachten. Die Glarner Hauptüberschiebung ist als blaue Linie unten im Bild markiert.

Im Aufstieg zum Piz Segnas

Dieses Bild zeigt einen vergrösserten Ausschnitt der engen Falten am Piz Segnas. Die Bergsteiger auf dem Südgrat des Piz Segnas verdeutlichen den Grössenmassstab der Falten im Verrucano-Gestein.

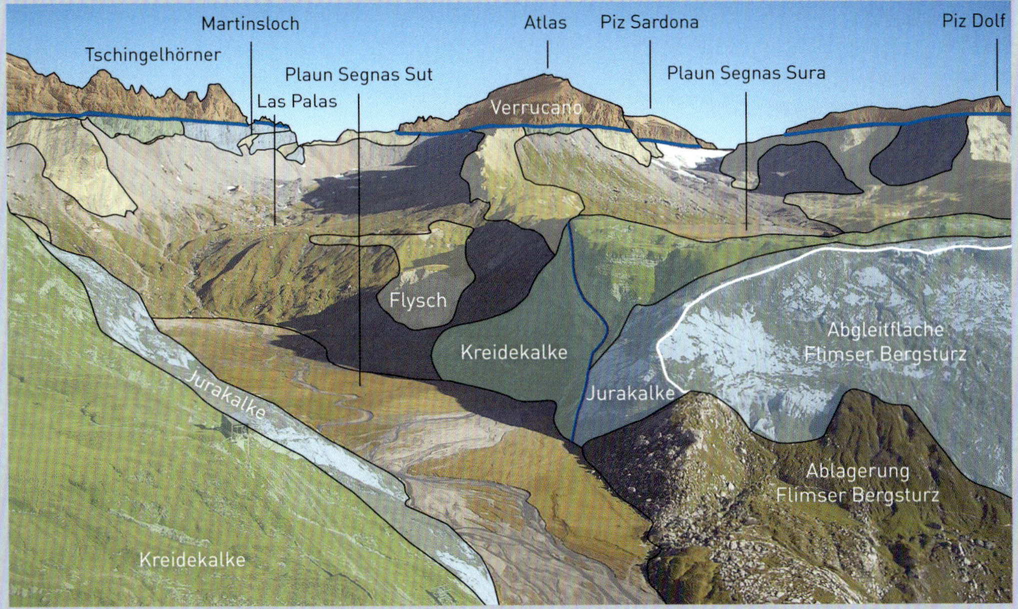

Geologische Übersicht

Die «magische Linie» der Glarner Hauptüberschiebung im Panorama Tschingelhörner–Atlas–Piz Sardona–Piz Dolf. Die Gipfelpartien sind aus Verrucano-Gesteinen aufgebaut. Unter der Hauptüberschiebung sind an den Tschingelhörnern und am Atlas Linsen von Kalken aus der Jura- und Kreidezeit vorhanden. Ansonsten sind es Flysch-Gesteine und unter diesen wieder Kalke der Jura- und Kreidezeit.

Am rechten Bildrand erkennt man die Abgleitfläche des Flimser Bergsturzes, des grössten Bergsturzes der Alpen. Dessen Ablagerungen stauten das abfliessende Wasser, aber der kurzzeitig gebildete See wurde bald wieder zugeschüttet und bildet heute die Schwemmebene Plaun Segnas Sut (Unterer Segnesboden). Heute liegt ein verwildertes Gewässernetz vor, in dem sich das Wasser laufend neue Wege sucht.

Vergangene Gletscherlandschaft

Blick nach Norden auf die Hochebene des Plaun Segnas Sura (Oberer Segnesboden). Im Hintergrund der Piz Sardona, links der Piz Segnas. Die grafische Rekonstruktion zeigt den Segnes-Gletscher zur Zeit seiner Hochstandsausdehnung von 1850/1860. Im Zuge der sich wiederholenden nacheiszeitlichen Vorstossphasen (Holozän, letzte 11 600 Jahre) hat der Glatschiu dil Segnas (Segnes-Gletscher) immer wieder die Schwemmebene Plaun Segnas Sura erreicht und aktiv umgestaltet. Dabei haben seine Schmelzwässer viel loses Schuttmaterial herangeführt und in der Mulde vor dem stauenden Felsriegel (links und unten im Bild) abgelagert. Im Verlauf der Zeit ist so eine einzigartige, von unzähligen, stets wechselnden Gerinnen durchzogene Landschaft entstanden.

Geologisch-tektonischer Überblick

Die geologisch-tektonische Übersichtskarte zeigt die Formationen, die wichtigsten anzutreffenden Gesteine und deren ungefähres Alter. Ebenfalls eingezeichnet sind Lokalitäten und Blickrichtungen, aus denen die Bilder mit den geologischen Zeichnungen aufgenommen wurden.

Molasse und Quartär

Erdneuzeit / Känozoikum

- Quartär: Kies, Sand und Ton in mächtiger Talfüllung
- Quartär: Bedeutende Bergsturzablagerung
- 2,6 Mio. J.
- Tertiär: Überwiegend Konglomerat **(Molasse)**

Helvetikum

- Tertiär: Sandstein und Tonstein **(Flysch)**
- 65 Mio. J.

Erdmittelalter / Mesozoikum

- Kreide: Kalkstein und kalkiger Tonstein
- Jura – Malm, Dogger: Überwiegend grauer Kalkstein
- Jura – Lias: Überwiegend brauner Kalkstein
- Trias: Dolomit, Rauwacke und roter Tonschiefer
- 250 Mio. J.

Erdaltertum / Paläozoikum

- Perm: Rote und grüne Tonsteine sowie Konglomerat **(Verrucano)**
- Karbon und älter: Gneis und Granit (**Kristallin**)

Ablagerungen im Meer

Alpenbildung

«Altes Gebirge»

Penninikum und Ostalpin

- Penninische Decken
- Ostalpine Decken

Strukturelemente

- Glarner Hauptüberschiebung (an der Oberfläche / im Untergrund verborgen bzw. vermutet)
- Überschiebung (an der Oberfläche / im Untergrund verborgen bzw. vermutet)
- Bruch, Verwerfung (an der Oberfläche / im Untergrund verborgen bzw. vermutet)
- 12 – Geologische Visualisierungen mit Blickrichtung und Seitenzahl
- Geologische Hauptwanderwege: Sardona-Welterbe-Weg (73), Via GeoAlpina (1)

Topografische Grundlagen:
Landeskarte der Schweiz, Blätter 236 Lachen, 237 Walenstadt, 238 Montafon, 246 Klausenpass, 247 Sardona, 248 Prättigau
swissALTI3D (© swisstopo)

Geologische Datengrundlage:
Geologische Spezialkarte 128 (Pfiffner et al. © swisstopo)

Massstab 1:200 000

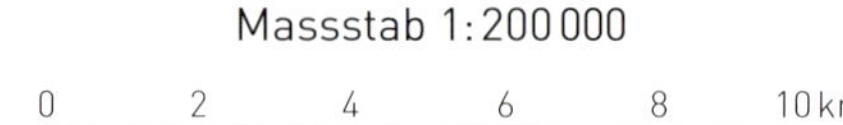

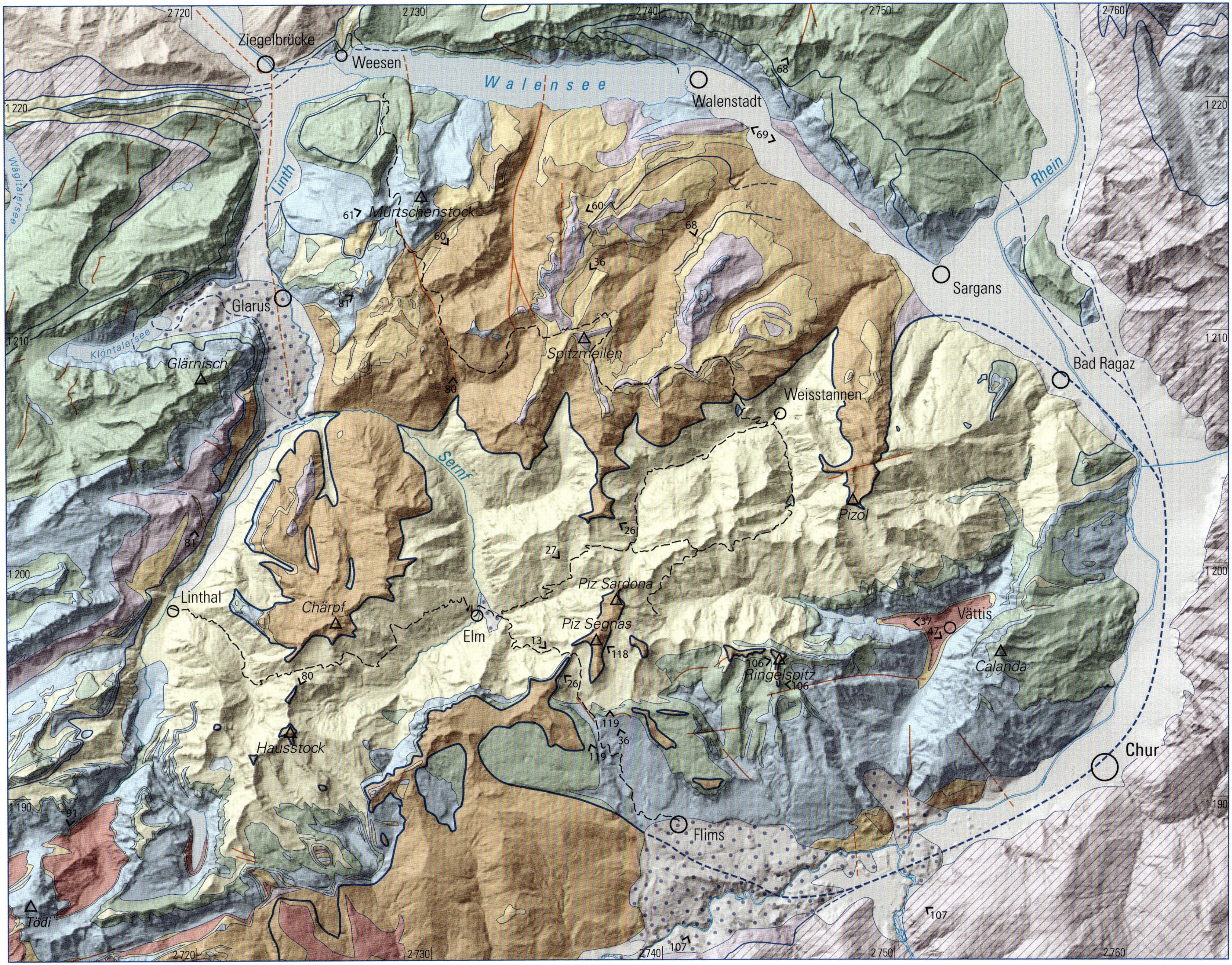

Ziegelbrücke
Weesen
Walensee
Walenstadt
Linth
Wägitalersee
Mürtschenstock
Glarus
Klöntalersee
Glärnisch
Spitzmeilen
Rhein
Sargans
Bad Ragaz
Weisstannen
Sernf
Pizol
Linthal
Chärpf
Elm
Piz Sardona
Piz Segnas
Vättis
Calanda
Ringelspitz
Hausstock
Chur
Flims
Tödi
2 720
2 730
2 740
2 750
2 760
1 220
1 210
1 200
1 190

Informationen und Tipps für den Besuch der Tektonikarena Sardona

Die einzigartige Sichtbarkeit der Gebirgsbildung prägt die Welterberegion Sardona und verleiht ihr ein weltweites Alleinstellungsmerkmal, das auch touristisch genutzt werden kann. Entsprechend wird das Angebot an Aktivitäten mit Geobezug fortlaufend ausgebaut. Da diese Entwicklung auch in Zukunft weitergehen wird, sei für aktuelle Informationen auf die digitalen Kommunikationskanäle des Welterbes Sardona verwiesen: Webseite: www.unesco-sardona.ch; Facebook, instagram und youtube: @unescosardona

Sardona-Welterbe-Weg

Der Sardona-Welterbe-Weg führt in mehreren Tagesetappen, von Filzbach im Norden bis nach Flims im Süden, quer durch das UNESCO-Welterbe Tektonikarena Sardona. Die Begehung dieses 84 Kilometer langen Bergwanderweges bietet die umfassendste Möglichkeit, das Welterbe Sardona hautnah und mit all seinen Facetten zu erleben. Dank der guten Erschliessung des Welterbes Sardona von allen Seiten ist es auch möglich, einzelne Etappen dieses Weitwanderweges zu geniessen. Ursprünglich als Hüttentour konzipiert, gibt es mittlerweile auch die Möglichkeit, das Gepäck transportieren zu lassen.

Via GeoAlpina

Der nationale Wanderweg Nr. 1 durchquert als Teil des grenzüberschreitenden Wanderweges Via Alpina von Triest nach Monaco die Schweiz. Aufgrund der hohen geologischen Werte in der Welterberegion Sardona wird die Via Alpina auf dem Streckenabschnitt zwischen Weisstannen und Linthal als Via GeoAlpina bezeichnet. Die zweitägige Wanderung kann auch in Einzeletappen mit Zwischenziel Elm begangen werden. Entlang des Weges gibt es viele geologische und geohistorische Sehenswürdigkeiten, die in einer eigenen Broschüre dokumentiert sind.

GeoGuides Sardona

Die GeoGuides Sardona sind speziell ausgebildete Führer, welche die Welterbe-Highlights ebenso kennen wie versteckte Winkel und Geheimtipps. Das in der Ausbildung zum GeoGuide erworbene Wissen zur Geologie verbinden sie mit Kenntnissen zu

Links: Informationstafeln mit Grafiken und Illustrationen weisen in einfacher Sprache auf die wichtigsten Erscheinungen im Welterbegebiet und seiner Umgebung hin und geben Tipps für weitere Erkundungstouren.

Rechts: Das Martinsloch, ein Highlight des Welterbes Sardona. Es kann auf einer Tour mit Bergführer auch durchstiegen werden.

Natur und Kultur, zu Sagen und Regionalgeschichte. Mit diesem Hintergrund bieten die GeoGuides Sardona abwechslungsreiche Exkursionen und Führungen an und wirken so auch als Botschafter des Welterbes Sardona.

Wanderkarte Tektonikarena Sardona
Die schweizweit erste offizielle Karte der Schweizer Wanderwege mit geologischen Informationen ist die swisstopo-Karte 5080 T «Tektonikarena Sardona» 1:50 000. Diese Karte gibt nicht nur einen Überblick über Wanderwege und lohnende Wanderziele, sondern sie liefert dem Benutzer als Mehrwert auch Hinweise über interessante geologische Punkte entlang der Wanderwege. Ebenfalls enthalten ist eine vereinfachte geologische Karte der Tektonikarena Sardona 1:200 000.

Besucherzentren
Besucherzentren stellen die wichtigste regionale Infrastruktur dar, wenn es um die Vermittlung der Welterbe-Werte geht. Gegenwärtig gibt es im Glarnerland ein Besucherzentrum mit zwei Standorten, in Glarus und in Elm. Weitere Besucherzentren sollen in den kommenden Jahren folgen.

Tourismusorganisationen
Für die Vermarktung der touristischen Angebote sind die Tourismusorganisationen zuständig. In der Welterberegion Sardona sind dies in erster Linie:

Flims Laax Falera	www.flims.com
Heidiland Tourismus	www.heidiland.com
Elm Ferienregion	www.elm.ch
Glarnerland	www.glarnerland.ch

Weiter sind auch Chur Tourismus, Surselva Tourismus, Glarus Nord Tourismus und Glarus Service in der Welterberegion Sardona tätig.

Rechte Seite: Die Panoramatafel auf dem Schafleger entlang des Fessis-Rundwegs erzählt die geologische Geschichte von den Bergstürzen und der Entstehung der Alpen.

Rechte Seite: Blick vom Val Frisal in Richtung Bifertenstock/Piz Durschin. Eindrücklich wechseln sich Schichten von grauen und braunen Kalken in den steilen Bergflanken ab.

Folgende Doppelseite: Blick Richtung Westen über Wildseehörner und Lavtinahörner im Pizolgebiet in Richtung Foostock/Ruchen (runder Bergrücken rechts) und Kärpf (links hinten am Horizont).

Die Fotografen und Autoren

Roland Gerth ist in Thal am Bodensee aufgewachsen, wo er nach einigen Wanderjahren heute wieder lebt. Neben seiner Ausbildung zum Primarlehrer erarbeitete er sich sein fotografisches Know-how. 2001 machte er sein Hobby zum Beruf und arbeitet seither als freischaffender Natur- und Reisefotograf.

Ruedi Homberger absolvierte die Lehre zum Fotografen und spezialisierte sich im Bereich der Landschafts- und Bergfotografie. Legendär sind vor allem seine Flugaufnahmen der Tektonikarena Sardona. Er lebt in Arosa.

Thomas Buckingham hat einen Master-Abschluss in Erdwissenschaften der Universität Bern und arbeitet seit 2011 als Geologe für das Welterbe Sardona. Er ist zuständig für die Schnittstellenarbeit zwischen Forschung, Bildung und Tourismus und setzt sich schweizweit für die geologische Öffentlichkeitsarbeit ein.

Harry Keel ist Umweltnaturwissenschaftler ETH und arbeitet seit 2009 als Geschäftsführer bei der Tektonikarena Sardona.

Adrian Pfiffner studierte und promovierte an der ETH Zürich. 1987 wurde er als Professor an die Universität Bern berufen, 2012 erfolgte seine Emeritierung. Er arbeitet als Strukturgeologe in den Alpen und beschäftigt sich mit der tektonischen Entwicklung dieses Gebirges.

Dank

Wir bedanken uns bei allen, die zum Gelingen dieses Werkes beigetragen haben.

Neben den Autoren und Fotografen danken wir im Besonderen:
- dem Institut für Geologie der Universität Bern für die Finanzierung der aufwendigen Illustrationen
- Florian Jakober für die Erstellung der 3D-Visualisierungen
- Prof. Dr. em. Max Maisch; Head of Geography Teacher Training Uni Zürich, für die Erstellung der Gletscherdarstellungen (S. 36 und 119) und das Review

Bildnachweis

Roland Gerth
Cover, S. 2/3, 16, 17, 20/21, 22, 23, 28, 30, 31, 32, 33, 40/41, 42, 43, 44, 45, 51, 52, 53, 54/55, 58/59, 62, 63, 64, 65, 70, 71, 74, 75, 76, 77, 78/79, 83, 84/85, 86/87, 88, 89, 92, 94, 95, 96, 98, 99, 103, 104/105, 108, 109, 110/111, 112/113, 114, 116, 117, 122 links, 123, Buchrückseite Bild oben und Bild unten Mitte

Ruedi Homberger
S. 8/9, 11, 12, 13, 14, 18, 19, 24, 25, 26, 27, 34/35, 36, 37, 38, 39, 46, 47, 48, 50, 56, 57, 60, 61, 66/67, 68, 69, 72, 80, 81, 82, 90, 91, 97, 100/101, 102, 106, 107, 115, 118, 119, 122 rechts, 125, 126/127, Buchrückseite Bilder unten rechts und links

Fotos bearbeitet durch Prof. Dr. em. Adrian Pfiffner, Thomas Buckingham und Florian Jakober
S. 13 rechts, 26 unten, 27 unten, 36 unten, 37 unten, 47, 60 unten, 61 unten, 68 unten, 69 unten, 80 unten, 81 unten, 91, 106 unten, 107 oben und unten, 118 unten, 119 unten

Fotos bearbeitet durch Prof. Dr. em. Max Maisch
S. 36 unten, 119 unten rechts